国家林业和草原局职业教育"十三五"规划教材

园林手绘
表现技法

任全伟 主编

中国林业出版社

图书在版编目(CIP)数据

园林手绘表现技法/任全伟主编. —北京:中国林业出版社,2018.12(2024.2重印)

国家林业和草原局职业教育"十三五"规划教材
ISBN 978-7-5038-9938-6

Ⅰ.①园… Ⅱ.①任… Ⅲ.①园林设计-绘画技法-高等职业教育-教材 Ⅳ.①TU986.2

中国版本图书馆CIP数据核字(2018)第302979号

国家林业和草原局生态文明教材及林业高校教材建设项目

中国林业出版社·教育出版分社

策划、责任编辑: 田 苗
电　　话: (010) 83143557
传　　真: (010) 83143516

出版发行	中国林业出版社(100009　北京西城区德内大街刘海胡同7号) E-mail: jiaocaipublic@163.com　电话:83143500
经　　销	新华书店
制　　版	北京美光制版有限公司
印　　刷	北京中科印刷有限公司
版　　次	2018年12月第1版
印　　次	2024年2月第3次印刷
开　　本	889mm×1194mm　　1/16
印　　张	8.5
字　　数	213千字
定　　价	48.00元

未经许可,不得以任何方式复制或抄袭本书之部分或全部内容。

版权所有　侵权必究

《园林手绘表现技法》编写人员

主　编
　　任全伟

副主编
　　谢　辉
　　李　轩
　　孟宪民

编写人员（按姓氏拼音排序）
　　贾　婧（安徽林业职业技术学院）
　　李斌欣（辽宁生态工程职业学院）
　　李　轩（杨凌职业技术学院）
　　刘丽馥（辽宁生态工程职业学院）
　　孟宪民（辽宁生态工程职业学院）
　　任全伟（辽宁生态工程职业学院）
　　王巍伟（温州科技职业学院）
　　王一楠（辽宁生态工程职业学院）
　　王卓识（辽宁生态工程职业学院）
　　谢　辉（湖北生态工程职业学院）
　　许泽萍（广东生态工程职业学院）
　　张芮婕（云南林业职业技术学院）

前言
Preface

　　一直以来，手绘表现深受园林专业设计人员以及各高等院校园林类学生的重视。随着科技的进步和工作的需要，新的效果图表现技法层出不穷，形成了现阶段多种表现形式共存的局面，其中包括计算机效果图的表现。由于计算机制图方便快捷、效果逼真，大部分设计师对计算机制图的依赖尤为严重，而忽略了手绘的表现能力以及手绘对设计的重要性，片面地把设计的过程定义为计算机制作的表现过程。计算机效果图的表达固然丰富，但相对于计算机制图、手绘板等借助电子设备的表现技法，手绘作为园林设计最传统、广泛的表现方式，仍具有许多无法比拟的优势。园林手绘表现常常成为解决设计问题的关键，它不断地推动设计方案的转化与深入，全面地记录整个设计思维发展的过程，而且很多新颖、有创意的想法是在手绘构思的过程中表达完成的。同时，手绘能力的提高对空间创意能力、造型审美、空间理解、设计表达力的提升都有很大的促进作用。

　　园林设计通常包括数个阶段，每个阶段都包含了构思、布局雏形、细节表现、整体完善、调整等步骤，是一个严谨、循序渐进而又灵活、可调性强的过程。因此，对于寻求一种能同样灵活且能同步快速调整方案的表现方式，也提出了较高的要求。

　　党的十八大将生态文明建设纳入"五位一体"中国特色社会主义总体布局，给园林行业带来蓬勃生机，这正是园林设计快速发展的好时机。园林作为一门与社会发展、科学技术水平、艺术及创新紧密结合的综合学科，已越来越被社会重视、青睐。大量优秀的园林设计师也不断涌现出来，而这一切离不开最基本的技能训练，手绘以其独特的艺术魅力在初期构思的表达恰好能体现这种意图。当今，随着新材料、新表现技法的出现和发展，手绘也出现了许多创新的表现技法。必须进一步强调手绘在园林设计中的地位，坚持将手绘作为设计、创作的主要表现方式来重视。尤其在现如今许多学生的手绘基础薄弱、重理论而轻实践的情况下，手绘表现的重要性应得到正确的认识。

　　综上所述，本教材的设计秉承着理论和实践并重的原则，着重让学生学以致用，在练习中掌握手绘表现技法。本教材由基础篇和综合实战篇两部分组成，主要内容包括手绘表现技法基础知识与运用，景观要素表现方法及运用，以及针对马克笔手绘表现的特点，马克笔表现手法的应用等。

基础篇中，先是由浅入深地介绍了园林设计中的手绘表现技巧，包括从对线、构图，到透视的理解与掌握，再到手绘中马克笔的使用方式。使学生对手绘形成一定的概念之后，再具体介绍园林设计中景观要素的表现技法，并分解为植物景观、山石水景与园路、园林建筑与小品、景观配景4个部分，循序渐进。通过这部分内容的学习，学生将初步掌握用手绘进行园林设计的要诀。

综合实战篇提供了5个难度适中、依次递进的项目，配套基础篇涉及的理论，以任务形式检验学生掌握和运用手绘知识的水平。5个项目依次是：城市道路景观表现，城市广场景观表现，居住区景观表现，庭院景观表现，以及滨水景观表现。

本教材通过大量的范图，直观生动地讲解了园林设计中手绘的重点、难点以及需要注意的关键部分，由浅入深地向读者提供了直观化的理论支持和实践指导。本教材理论结合实践，内容丰富，知识性强，结构清晰，内容紧紧围绕实际设计案例，强调实用性，突出实例性，注重操作性。在设计教学中，加强手绘表现的训练，培养学生观察和分析问题的能力。在创造性思维能力方面，会给学生带来更多的创意和灵感，使学生能够学以致用。

本教材由辽宁生态工程职业学院、湖北生态工程职业学院、杨凌职业技术学院等院校联合编写。任全伟任主编，谢辉、李轩、孟宪民任副主编，其他编写人员包括：贾婧、李斌欣、刘丽馥、王巍伟、王一楠、王卓识、许泽萍、张芮婕。由任全伟对全书进行统稿。

由于时间有限，书中若有不妥之处，望广大读者批评指正。

编　者
2018年7月

目录 Contents

前言

模块 1 基础篇   1

单元1 手绘表现技法基础知识   2
1.1 线   2
1.2 构图   9
1.3 透视   15
1.4 表现技法   23

单元2 景观要素表现方法   31
2.1 植物表现   31
2.2 山石、水景与园路表现   62
2.3 园林建筑与小品表现   74
2.4 配景表现   80

模块 2 综合实战篇   83

项目1 城市道路景观表现   84
任务1.1 城市道路平面表现   84
任务1.2 道路剖面表现   86
任务1.3 道路景观效果表现   87

项目2　城市广场景观表现　　　　　　　　　　　　91
任务2.1　城市广场平面表现　　　　　　　91
任务2.2　城市广场剖面表现　　　　　　　93
任务2.3　城市广场效果图表现　　　　　　95

项目3　居住区景观表现　　　　　　　　　　　　98
任务3.1　居住区景观平面表现　　　　　　98
任务3.2　居住区景观剖面表现　　　　　　100
任务3.3　居住区景观效果图表现　　　　　101

项目4　庭院景观表现　　　　　　　　　　　　　108
任务4.1　庭院平面表现　　　　　　　　　108
任务4.2　庭院剖面表现　　　　　　　　　110
任务4.3　庭院效果表现　　　　　　　　　111

项目5　滨水景观表现　　　　　　　　　　　　　117
任务5.1　滨水绿地景观平面表现　　　　　117
任务5.2　滨水景观剖面表现　　　　　　　119
任务5.3　滨水景观效果图表现　　　　　　120

参考文献　　　　　　　　　　　　　　　　　　　126

模块 1
基础篇

单元1
手绘表现技法基础知识

学习目标

【知识目标】
(1) 掌握用针管笔画各种线条的方法。
(2) 掌握景观手绘的构图方法。
(3) 掌握景观图的透视方法。
(4) 掌握景观图的马克笔、彩色铅笔的画法。

【技能目标】
(1) 会用针管笔画出垂直线、平行线、斜线。
(2) 会景观构图。
(3) 会用马克笔画点、线、面。

1.1 线

作为园林景观设计师，必须具备徒手绘画的能力。我们在探讨设计构思方案时需借助徒手线条快速绘制出设计初稿（图1-1-1），以便快速说明设计意图。线条是徒手表现的基础，所以，说到手绘，首先要学习线条，"线"作为手绘入门的第一课，为后面的绘画训练打下基础。

线条是最朴素的绘画语言，可以用简单的方法快速勾勒出设计初稿。长短、曲直、粗细等线条因运笔时的力度、方向、快慢等不同，表达的情感也各不同。

在园林手绘表现中，线稿表现常作为彩色铅笔、马克笔效果图的基础。因此，学习掌握针管笔表现技巧，是学好园林手绘表现的第一步。针管笔是绘画中常用的工具之一，常用于速写、勾勒草图、施工图和快速徒手表现以及淡彩表现图等。

学习针管笔徒手线条画法可以从简单的直线练习开始。练习初期无需设定明确的目标，在练习时应注意运笔速度、方向和支撑点以及运笔力量。

1.1.1 握笔姿势

绘图时两手要平放在工作台上，纸面与视线尽量垂直，握笔的姿势有三个要点：手臂尽量平行于纸面，以易于用力；笔杆尽量与线条呈90°角，手腕不动；只靠手臂带动手腕

图 1-1-1　勾勒草图

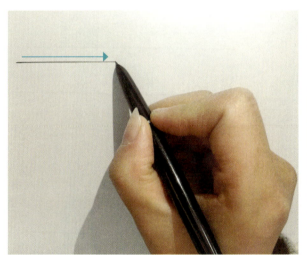

图 1-1-2　横线：移动手肘

图 1-1-3　竖线：移动肩部（短的竖线可移动手指）

运动画线即可（图 1-1-2、图 1-1-3）。

1.1.2　线条基本画法

徒手画线就是直接在纸上画线条，不利用尺规作图。所谓直线，"直"不代表一定要像尺规画出的线条一样直，只需要视觉上相对直即可。画直线要干脆利落而有力度。做到用笔肯定，线条坚硬、明确、流畅，虽然看似随意却形象生动。

画直线的技法要领：

- 运笔要放松，一次画一条线，切忌分小段往返描绘。
- 过长的线可断开，分段再画；线条搭接易出现小点。
- 宁可局部小弯，但求整体大直。
- 两头重，中间轻。

尝试练习以下五种线条，体会线条徒手基本画法以及手、肩各关节的配合：
- 单线画法：一笔画成，运笔速度较慢，用力均匀（接线时，隔开一点再续笔）（图1-1-4）。
- 交错线画法：用均匀的力缓慢地画（图1-1-5）。
- 直线画法：从左至右、从上至下（图1-1-6）。
- 斜线画法：斜线范围内运笔方向上下均可（图1-1-7）。
- 抖线画法：运笔速度较慢地画不规则的线（图1-1-8）。

1.1.3　线的色调画法

排线画法是运用各种重复的平行线条，通过调整排线的密度以及种类，产生或深或浅的色调；通过调整平行线条的间距，使之或疏或密，也能够产生不同的色调。

在轮廓线的基础上，再用线勾出明暗色调，以体现出体积感。在我们了解排线画法后，要求运笔速度均匀，线条有一定的疏密变化（图1-1-9）。初学者使用线的色调画法可以提高线条的表现力，使作品产生质感（图1-1-10）。

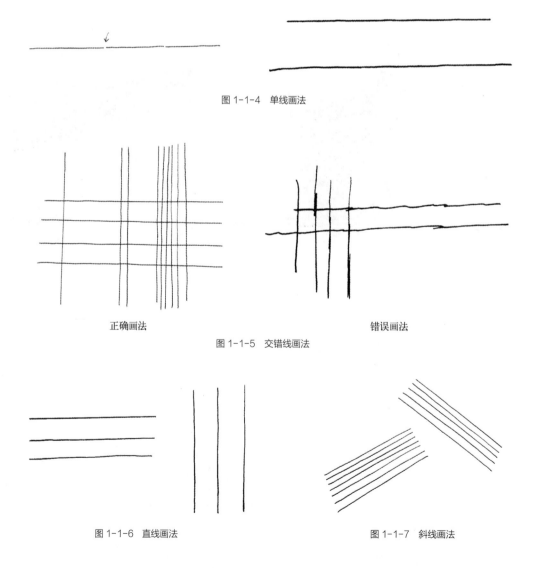

图1-1-4　单线画法

正确画法　　　　　　　　　　错误画法

图1-1-5　交错线画法

图1-1-6　直线画法　　　　　　图1-1-7　斜线画法

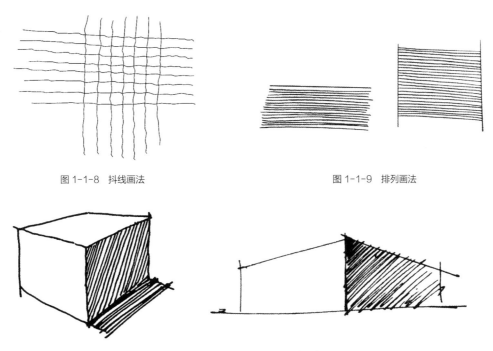

图 1-1-8　抖线画法　　　　　　　　　图 1-1-9　排列画法

图 1-1-10　利用排列画法表现出体积感

1.1.4　不同材料的画法

表现水面可以用直线或波纹线，表现砖块可用短直线，表现硬朗的石块用短折线，而表现卵石则用圆润的曲线。

（1）水的表现

静水面是指宁静或有微波的水面，如宁静时的海、池塘等，多用水平直线或小波纹线表示（图 1-1-11A）。

动水面是指湍急的河流、喷泉或瀑布等，给人以欢快、流动的感觉。多用大波纹线、鱼鳞纹线等活泼动态的线型表现（图 1-1-11B）。

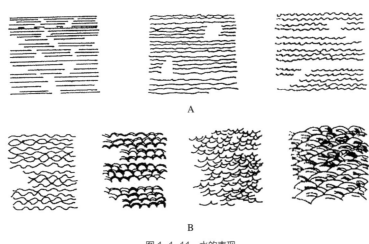

图 1-1-11　水的表现

（2）砖块、石块的表现（图1-1-12）

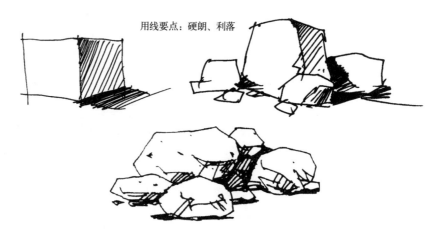

图1-1-12　砖块、石块的表现

（3）卵石的表现（图1-1-13）

图1-1-13　卵石的表现

（4）植物材料的画法

①树干、树枝的画法（图1-1-14～图1-1-16）

图1-1-14　枝干的大小和方向变化

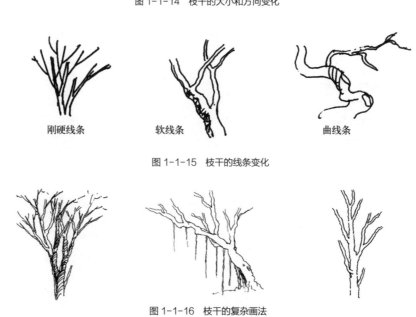

图1-1-15　枝干的线条变化

图1-1-16　枝干的复杂画法

②叶片的画法

对于乔灌木，不同质感的叶片可以用不同的线来表现，叶片大的阔叶树叶片可用齿轮线、云线表现，叶片小的树冠也可用叶形组合法表现（图1-1-17～图1-1-19）；而针叶树（如油松）可用成簇的短线表现（图1-1-20）。

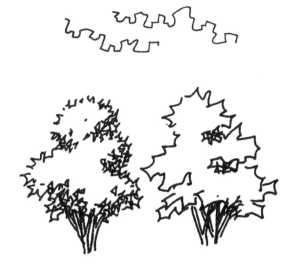

图1-1-17　大叶片阔叶树的表现（用齿轮线表现）

图1-1-18　大叶片阔叶树的表现（用云线表现）

图1-1-19　小叶片阔叶树的表现（用叶形组合法表现）

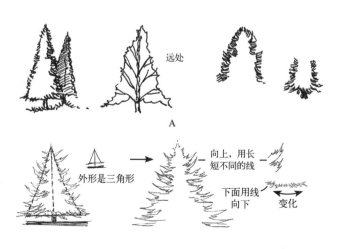

图1-1-20　针叶树的表现

地被植物可用勾勒轮廓法表现（图1-1-21）。

草坪可用打点法或小短线排列法表现（图1-1-22）。

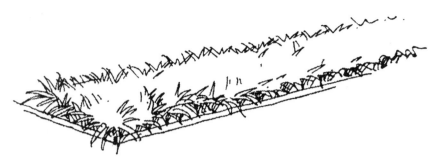

图1-1-21　地被植物的表现

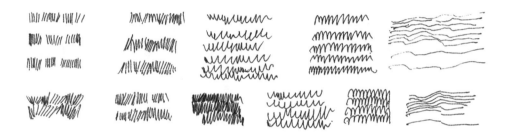

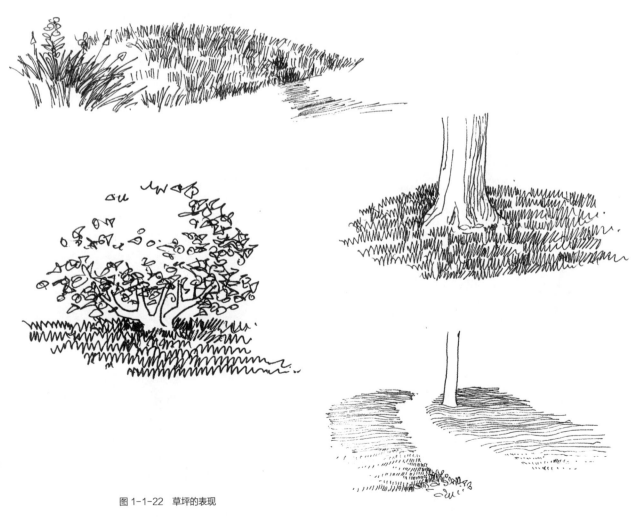

图1-1-22　草坪的表现

1.2 构图

1.2.1 构图的含义

构图就是按照主题、题材和美学原则，在一定的空间内，安排和布置所需要表现的物象。构图的名称来源于西方，在西方绘画中有构图学，而在中国传统绘画中，构图就是"布局"或"经营位置"。构图是画家有意识的构建行为，他将眼前复杂的物象按照规律布置在画面中，并处理好物象在画面中的大小、深度、位置关系。

构图的目的是突出主体，增强主题。园林手绘表现的主要功能是作为交流的工具，好的表现图首先应当能准确地反映甚至强化设计意图，传达设计思想。作为表现园林环境之美的画面本身首先需要的也是美好的视觉感受，好的设计构图能够既艺术又客观地表现设计场景；反之，整幅作品没有章法，缺乏构图意识则会起到反效果。

1.2.2 构图的原则

园林手绘中的构图是写实性构图，当需要表现一个场景时，必须清楚的是我们并非描绘客观存在的实体，而是试图通过画面描绘一个将来可能的场景，所以不能一味强调高超的艺术技法而违背了表达主题的本质，要注重画面的科学性，尊重方案的真实性，在允许的范围内进行合理的取舍和美化，将构思中的三维形体在二维画面中展示出来。

优秀的手绘作品能够将设计中的精华和特色表达出来，感染观者。正因如此，在设计表达中，通过适当的取舍将需要表达的东西精心组合成良好的构图，形成一个稳固的结构是十分重要的，各部分都需要相互协调，这就要求我们要善于感悟美和寻求美的规律，学习形式美的法则，把握构图的规律。

1.2.2.1 前景、中景和远景

一张完整的园林设计表现图中总是包含前景、中景、背景三大部分。前景作为画面的次要部分，一般以树木、花草、水体、山石等自然形态出现，它们就像一个画框，把画面中心的内容框在里面；有些主要描绘街道或园路的画面会以人物作为前景，还有些利用建筑局部作为前景。前景的色调不易过亮，这样才不会喧宾夺主，有利于引导观者的视线集中于画面主体部分。

中景作为画面的焦点部分，应该被重点刻画。中景一般采用一点透视或两点透视布局，作为画面的主体部分，所表现的内容应该是丰富多彩的。它包含静态的建筑、小品、花草树木，动态的人物、汽车等，这些形体在布置时要注意整体与局部、局部与局部之间的协调关系。

远景为画面提供舒展和深远的效果，增加了画面的层次。远处的景象需要概括描绘，逐渐变小的形体、逐渐简化的轮廓，都能产生透视和虚实对比的效果。

1.2.2.2 对称与均衡

对称与均衡是绘画创作常用的构图原则，对称与均衡能够使画面具有一种稳定感。其

中，对称在园林手绘效果图表达中运用的较少，因为对称容易让人产生一种庄重和刻板的感觉，让画面显得较为严肃，所以在室内与建筑手绘中运用较多；而均衡带来的视觉变化比对称要大得多。均衡不是单纯的平均，而是一种大致的平衡关系，是一种更活泼、动感的形式。

在构图中，寻找黄金分割点，利用三七分割构图或者利用三角形构图法都能创造出良好的均衡感，在绘图中应该灵活运用。

1.2.2.3 对比与调和

对比在绘画中体现在多个方面，包括大小对比、色彩对比、疏密对比等。在构图中，对比更能够突显出物体在画面中的地位，也就是主从关系，部分与部分之间、部分与主体之间的比例关系。除了大小对比以外，在构图中还应该注意方向对比、疏密对比。例如，垂直高耸的树木应该与水平方向的构筑物形成方向上的对比，否则，画面中的物体都是一个方向，会产生重复性。疏密对比主要体现在画面各个元素的安排上，尽量做到有聚有散、有繁有简，这样能体现画面的主从关系和重点。

1.2.2.4 视觉中心的选择

在手绘表达中，视觉中心的选择尤为重要，它是最吸引观者的地方，视觉中心的选择方法有很多，需要根据绘图的内容来确定，例如，常用的黄金分割点，即按照公式将0.618乘以图面的长和宽，得到横向和竖向的分割线，画面被"井"字分开，而"井"字的四个交点就是我们寻找的黄金分割点，四条线就是所说的黄金分割线。除了找黄金分割点的方法外，还可以寻找灭点。灭点是透视中的术语，它是指发生透视变化的"变线"沿着透视方向积聚的点。在一点透视中利用灭点创造视觉中心是非常理想的（图1-1-23）。

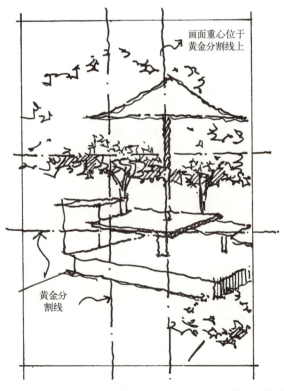

图1-1-23 视觉中心位于画面中的绿伞上

1.2.3 构图的类型

1.2.3.1 水平构图

水平构图是指画面特征以水平状态为主。水平构图有利于表现开阔、舒展的景象，由于垂直高度对比较大，还适合表现深远的景象，画面中的景象侧重水平方向的动势（图1-1-24）。

图1-1-24 水平构图

1.2.3.2 垂直构图

垂直构图是指画面特征以垂直状态为主。垂直构图有利于表现物体高耸、挺拔的姿态，由于垂直方向高差较大，能够体现画面的升腾感（图1-1-25）。

图1-1-25 垂直构图

1.2.3.3 斜线构图

斜线构图是指画面特征以斜线或交叉线为主，不同方向的斜线会产生多种方向，斜线给人硬朗、不稳定的感觉，动势感较强，画面比较跳跃，但在运用时要注意不可过多使用，否则会造成画面混杂、透视错乱（图1-1-26）。

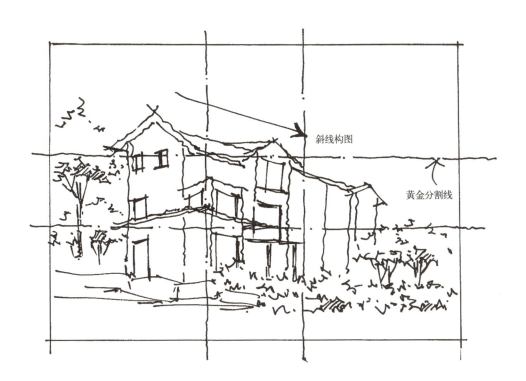

图1-1-26 斜线构图

1.2.3.4 曲线构图

曲线构图是指画面特征以曲线或交叉曲线为主。曲线在园林手绘表现中运用得较多，如小广场、园路等。曲线给人柔软、跳跃的感觉，动势感强。曲线构图需要注意的是画面透视的准确性，曲线透视相对来说较复杂，如果透视错误会产生相反的效果（图1-1-27）。

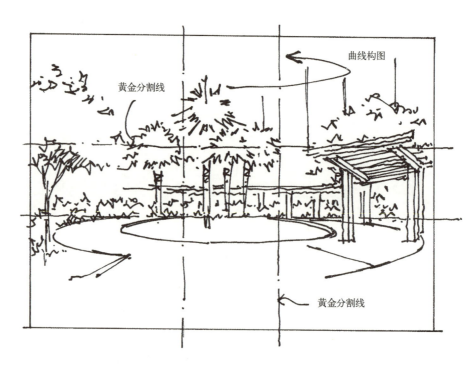

图 1-1-27　曲线构图

1.3 透视

1.3.1 透视基本原理

透视是人眼的一种视觉现象，是眼睛生理原因造成的假象。所谓透视变化，是通过视觉器官所产生的一种视觉反映。客观世界的一切物象形体，只要为人的视觉所感知，都毫无例外地受到透视规律的支配与制约。任何存在于空间的物体形象，都会产生不同的透视变化，通常表现为"近大远小""近高远低"。

学习透视知识，要理论联系实际，由浅入深，循序渐进。例如，我们观察立方体后会发现，立方体是由大小完全相等的六个面组成的，在最多能看到三个面的情况下，会产生透视变形，产生正方形形状的改变。正确地学习和掌握透视的基础知识，有利于我们更科学、更合理地分析物象。

透视常用名词如下（图1-1-28）：

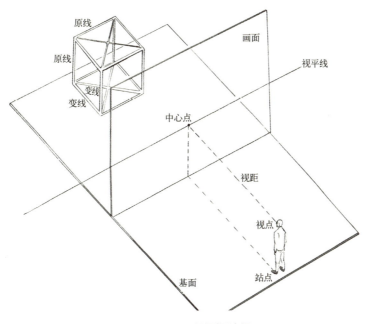

图1-1-28 透视常用名词

画面：为假设的透明画面，是视点透视所形成的投影形象的载体。
视点：指画者眼睛所处的位置。
视平线：与视点等高的一条假设的水平线。
基面：承载物体的水平面。
视距：从视点到画面的距离。
站点：画者与地面的交点。
中心点：又称主点，是指画者的眼睛正对视平线上的一点。
原线：与画面平行的线。
变线：与画面成角的线，即产生透视变形的线。

1.3.2 一点透视（常用体块的透视）

（1）一点透视的定义

一点透视也称为平行透视，当立方体的一个面与画面平行，所产生的透视即为一点透视（图1-1-29）。

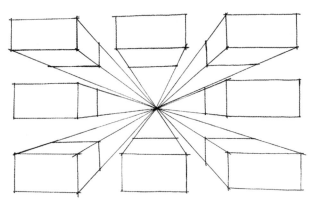

图1-1-29 一点透视

（2）一点透视的特征

- 有一个灭点；
- 有一个面始终与画面平行；
- 立方体的平行透视有九种基本形态。

（3）一点透视的应用

一点透视的竖向、横向均平行，所有的透视线都与灭点相连，所以这种透视整齐、稳定。

一点透视适宜表现场面宽广、深远的景象，图面透视层次明确，更重要的是灭点在图面内，且只有一个灭点。同时其作图较为简洁方便，因此，被广泛应用于表现图的绘制。

（4）一点透视地面网格绘制方法

例：利用一点透视原理，绘制长为6m，宽为4m，高为3m的地面网格（图1-1-30）。

步骤如下：

①确定构图。按比例画上单位标记，标注出A、B、C、D四个点（图1-1-31）。

②确定视平线（HL）。一般按照成年人的平均身高（1.6~1.7m）来确定视平线高度，也可以根据实际的情况做相应调整，图1-1-32确定在1.5m。在HL线上确定灭点（V_P）。V_P点的位置要根据实际需要进行左右调整，大致可按2∶3或1∶2的关系确定（图1-1-32）。

③通过灭点V_P点引放射线分别穿过A、B、C、D四个点，一直向外延伸至接近纸张的边缘（图1-1-33）。

④将CD线延长，左右方向均可，然后将HL线和CD线延伸至$ABCD$面以外，并按照比例在CD线的延长部分做单位标记。图1-1-34以D点为起点，按比例标记至6m处。在标记6m以外接近6m标记的HL线上确定M点，然后由M点分别向CD延长线上的等

分点引线，延长部分交于灭点 V_P 和 D 的延长线，并生成交点 1、2、3、4、5、6。通过交点 1、2、3、4、5、6 作水平线，连接 V_P 和 CD 上的标记即可得到符合此透视原理的地面网格（图 1-1-34）。

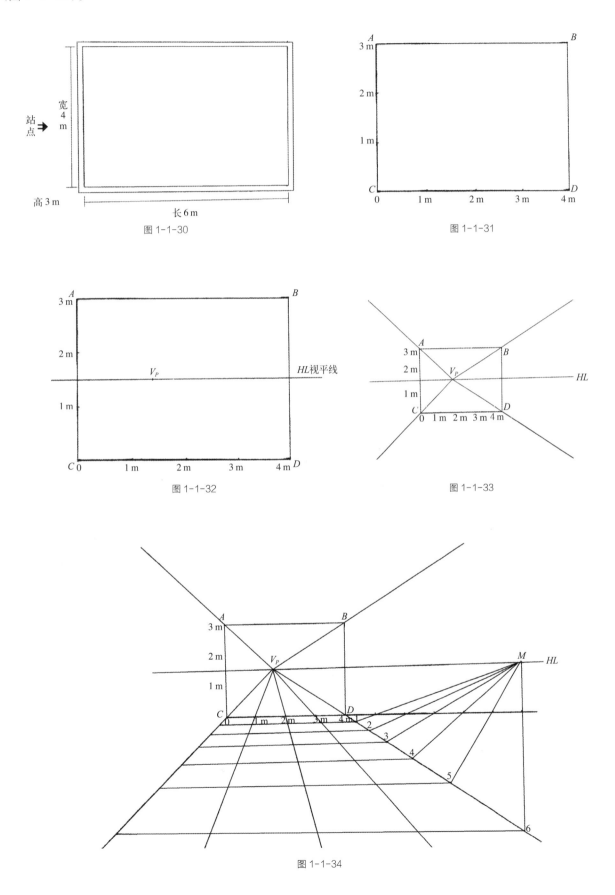

图 1-1-30

图 1-1-31

图 1-1-32

图 1-1-33

图 1-1-34

（5）一点透视的体块练习

①根据透视画出方形体块的一点透视（图1-1-35）。

②根据方形体块的一点透视分割出体块原本的平面图形（图1-1-36）。

③将平面图形向上或者向下绘出体块高度，并与灭点V_P连接，所有复杂不规则的体块平面图首先都可以按照方形进行分割或者添加（图1-1-37）。

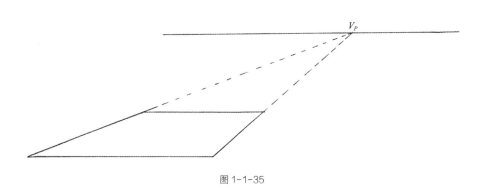

图1-1-35

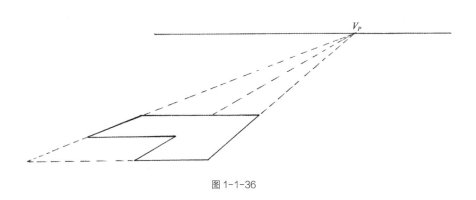

图1-1-36

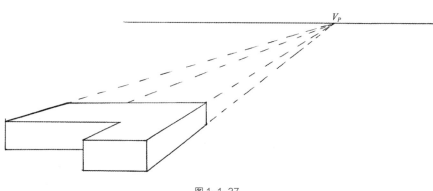

图1-1-37

1.3.3　两点透视（常用体块的透视）

（1）两点透视的定义

两点透视也称为成角透视，当立方体的两个侧立面与画面成一定夹角，水平面与基面平行，所产生的透视称为成角透视（图1-1-38）。

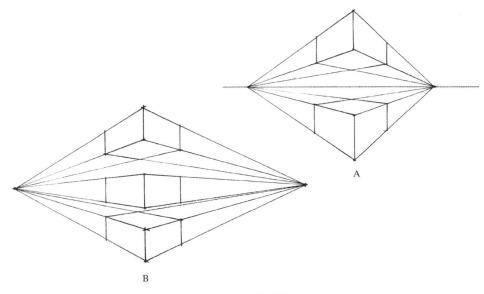

图 1-1-38　两点透视

（2）成角透视的特征
- 立方体所有体面都失去原有的正方形特征。
- 立方体中和画面平行的线即原线不产生变化，和画面成角的线即变线消失于两边的灭点。

注：当两个消失点较近时，透视过大显得不够协调（图 1-1-38A）；当两个消失点较远时，透视看上去更加协调（图 1-1-38B）。

（3）两点透视的应用

因有两个灭点，所以两点透视的立体效果感较强。初学者刚开始可以将灭点固定，后期熟练后可凭感觉表现透视关系。

两点透视的画面效果比一点透视更生动、自由、活泼，因能反映出主体的正侧两面，所以易表现出主体的体积感。

需要注意的是，大多数情况下两点透视中的两个灭点距离应尽可能远一些，这样看上去透视角度较为恰当。

（4）两点透视地面网格绘制方法

用两点透视原理绘制长为 4m，宽为 4m，高为 3m 的地面网格（图 1-1-39）。

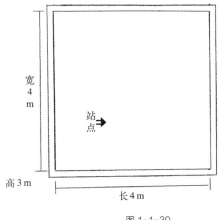

图 1-1-39

步骤如下：

①按照比例尺寸确定墙角线 AB。通过 AB 作视平线 HL。过 B 点水平线作辅助线 GL，找到进深和开间的尺寸，在 HL 上任意确定两个消失点 V_{P_1}、V_{P_2}（图 1-1-40）。

②依次连接 $V_{P_1}A$、$V_{P_1}B$、$V_{P_2}A$、$V_{P_2}B$（图 1-1-41）。

③以 V_{P_1}、V_{P_2} 为直径画圆弧交于视点。分别以 V_{P_1}、V_{P_2} 为圆心，以 $V_{P_1}E$、$V_{P_2}E$ 为半径画弧，分别交 HL 于点 M_1、M_2（图 1-1-42）。

④按比例在 GL 上标注各点所在的位置，分别过 M_1、M_2 点与 GL 上的尺寸相连，交墙角线于 8 个点，即得出地面网格（图 1-1-43）。

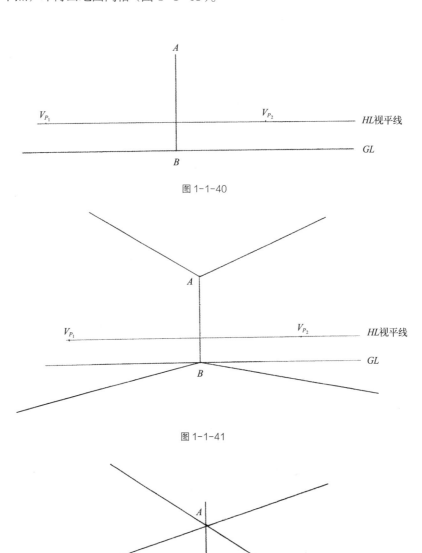

图 1-1-40

图 1-1-41

图 1-1-42

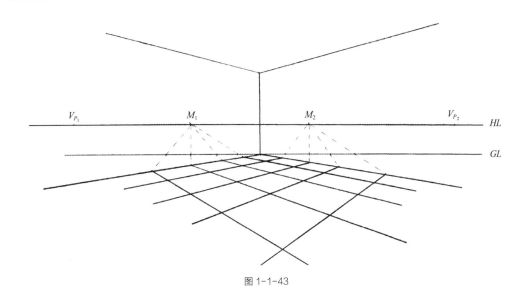

图 1-1-43

(5)两点透视的体块练习

①根据透视画出方形体块的平面透视(图 1-1-44)。

②根据方形体块的平面透视分割出体块原本的平面图形(图 1-1-45)。

③将平面图形向上或者向下绘出体块高度,并与灭点 V_{P_1}、V_{P_2} 连接(图 1-1-46)。

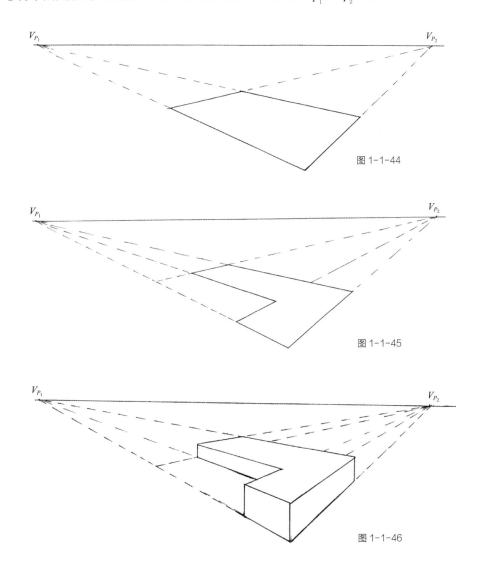

图 1-1-44

图 1-1-45

图 1-1-46

1.3.4 鸟瞰图

（1）鸟瞰图的定义

视点高于景物的透视图称为鸟瞰图。鸟瞰图可以展现更多的设计内容。

（2）鸟瞰图绘制的基本方法

根据画面与景物的位置高低，鸟瞰图通常分成仰视、平视和俯视三大类，在园林设计表现中以平视鸟瞰图应用较广。平视鸟瞰图可使用一点透视网格法和两点透视网格法来绘制（图1-1-47）。下面以一点透视鸟瞰图为例讲解鸟瞰图绘制的基本方法。

步骤如下：

①根据所绘制景物的范围和复杂程度确定平面图上的网格大小，并在平面图上绘制出网格，在横纵两组网格线上用编号标明（图1-1-48）。

②确定视平线 HL、地面基线 GL 和心点 V 的位置，在视平线上的一侧按视距量得距点 M，按照绘制一点透视网格的方法，将平面图上的网格绘制成一点透视图（图1-1-49）。

③利用坐标编号确定平面图中各设计要素的位置，画出透视平面图（图1-1-50）。

④利用真高线确定各设计要素的透视高度，完成设计要素的透视，然后擦去被遮挡的部分以及网格线，完成鸟瞰图（图1-1-51）。

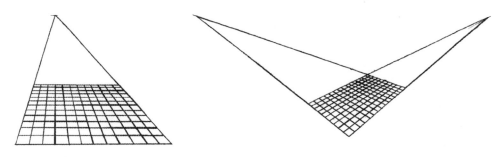

图1-1-47 鸟瞰图的绘制

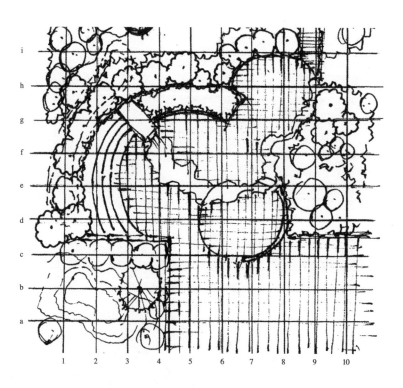

图1-1-48 鸟瞰图的绘制

单元1　手绘表现技法基础知识

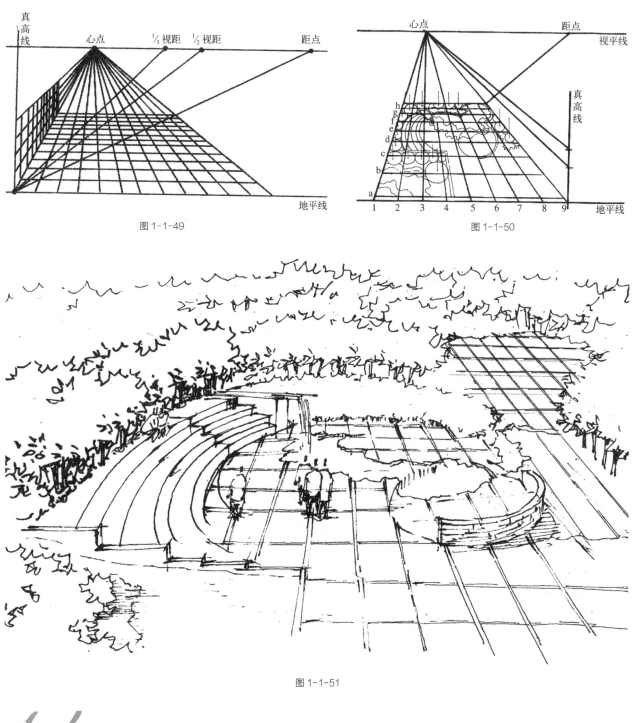

图 1-1-49　　　　　　　　　　　　　　　　图 1-1-50

图 1-1-51

1.4 表现技法

1.4.1 马克笔画法

马克笔作为常用手绘表现工具之一，具有操作简洁、快速渲染的效果。马克笔颜色鲜亮，颜料易挥发。常见的马克笔分为水性和油性两种，水性马克笔不含油精成分，而油性马克笔含有油精成分。马克笔一般两端均可使用，一端较粗，用来绘制粗线和块面；另一端较细，用来绘制细节。使用马克笔时必须熟练掌握马克笔笔头的属性，合理掌握力度、速度和角度来表达造型和材质。

23

1.4.1.1 马克笔排线

马克笔画法在运笔时尽量做到轻、准、快,尽量运用小臂的移动来绘制线条,运笔前要做到意在笔先,下笔时要不滞于手、不凝于心。初学者在运用马克笔时往往会犹豫,怕线条画歪,从而导致马克笔在纸上停留时间太久,不仅颜色晕染超出结构框,而且画面闷不透气;还有些初学者在绘制线条时不肯定,容易画出"交叉线"。所以在画成图前最好多做线条练习,在充分掌握后再绘制整图(图1-1-52)。

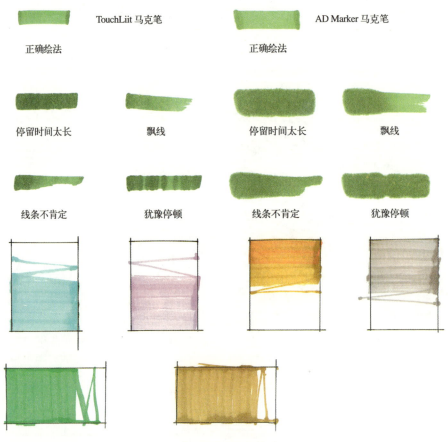

图1-1-52 马克笔排线画法

1.4.1.2 马克笔几何体画法

硬质景观和建筑是园林效果图中不可或缺的元素,而这些元素都可以被抽象成简单的几何体组合,想绘制好这些元素就要掌握几何体绘制的方法。在绘制几何体时运笔的方向尽量与透视线或结构线方向保持一致,随几何体大小、长短的变化而变化,不能千篇一律,这样才能够产生透视方向的延伸感,形体的结构才会合理(图1-1-53、图1-1-54)。如果运笔方向没有章法则会显得结构混乱。

图1-1-53 马克笔几何体画法

图 1-1-54　马克笔几何体画法应用

1.4.1.3　马克笔材质表现

材质表现是手绘表现技法中较难掌握的部分。材料的种类繁多，大体可以分为天然材料和人工材料两大类，天然材料质地古朴，在园林设计中被广泛运用，它包括木材、砖石等；而人工材料则是经过加工合成的，主要有玻璃、金属、板材等。各种材料的颜色、质地不同，组合在一起形成了丰富多彩的视觉效果。

（1）木材

木材质地纯朴，亲切自然，分为原木和板材两种。手绘表现原木时应注意画出表皮的粗糙感，要先用墨线将木材的纹理勾勒出来。板材就是经过加工和处理过的木材，由于板材种类较多，深浅不一，所以在手绘表现板材时要先确定种类，在考虑固有色的基础上注意环境色对板材的影响，绘制时注意木材从反光、亮面到暗面和投影的色彩变化和厚度。

绘制步骤如下（图 1-1-55）：

①将木纹的纹理勾勒出来，注意木纹肌理的变化，时而婉转，时而流畅。

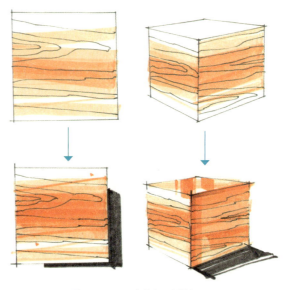

图 1-1-55　马克笔表现木材步骤图

②可以用棕色、咖色、黄色系等马克笔先上一遍浅色调。注意，选择的颜色主要与木材的种类有关，如水曲柳、松木、核桃木、橡木等的颜色是不同的，要根据设计选用的木材种类确定选用的马克笔颜色。

③用同色系深色的马克笔加涂一遍，不宜画得过满，否则会显得画面不透气。

④进行木材反光的处理。

（2）石材

石材质地坚硬，纹理自然，色彩稳重，在园林设计中被广泛用于地面、墙面和景观小品的设计中。在绘制石材时要充分注意石材的特性，重点描绘出石材的纹理和色彩的变化。经过人工加工的石材如果表面平滑，要注意留出它的高光和倒影。

大理石绘制步骤如下（图1-1-56）：

①先将大理石的纹理勾勒出来，在勾勒石材纹理时注意线条的完整性，交叉时注意排列的疏密度，不宜太过均匀。

②大理石色彩比较多，图1-1-56以浅米色大理石为例，先用浅黄灰色调铺底，再用浅灰色套色，这样能够突出天然石材色彩的变化。

③用同色系深色号加涂一遍。

④大理石质地光洁，尤其要注意反光的处理。

文化石质地粗糙，纹理丰富，由于模拟自然切开取石，所以石头的大小形状变化很大，色彩变化也较为丰富。

在绘制文化石纹理时注意线条勾勒的疏密，不宜画得太规整。

文化石绘制步骤如下（图1-1-57）：

①用浅色的冷灰、暖灰、蓝灰调铺底。

②用同色系深色号加深，但要注意，加深时不易大面积铺满，而是要注意石块的深浅组合，运笔时宽时窄，突出石块体积大小穿插的效果。

③文化石质地粗糙，不用画反光效果。

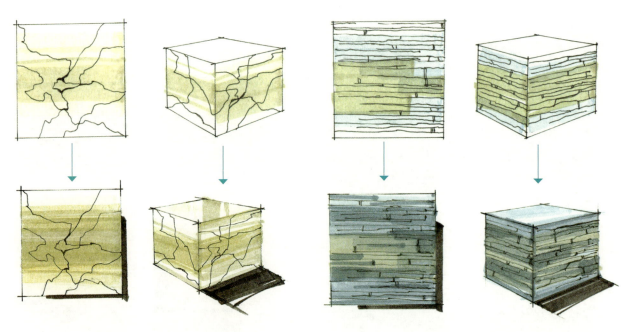

图1-1-56　马克笔表现大理石步骤图　　　　　　　　图1-1-57　马克笔表现文化石步骤图

（3）玻璃

玻璃质地坚硬，光影变化丰富，有折射、反射、透光等属性，在绘制玻璃时，要充分考虑光线和环境对于玻璃的影响。有时可以绘制出玻璃背面的景象，但要注意其与玻璃前面物体之间的明度和饱和度的对比变化，这样绘制可以突出玻璃通透的特点，适用于表现玻璃材质的小场景；而有些时候则要侧重表现玻璃反射的特点，如玻璃幕墙映射出的天空和树木等，这种绘制要分析光影和玻璃映射周围环境的范围等因素。

绘制步骤如下（图 1-1-58）：

①用浅蓝色铺底。

②用不同的蓝色和浅灰色进行套色，注意深度变化不宜过大。

③注意反光和反射的处理。

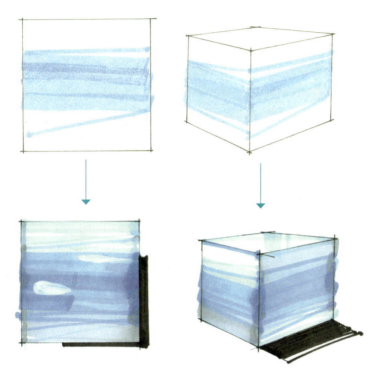

图 1-1-58　马克笔表现玻璃步骤图

1.4.2　彩色铅笔画法

彩色铅笔是指有颜色的铅笔，使用方法及排线效果与铅笔相似。根据属性不同可以分为水溶性彩铅和油性彩铅两种。绘制园林效果图时经常选用水溶性彩铅，它的特点是在不蘸水时，效果与油性彩铅相同，而蘸水后出现水彩般的渲染效果。

彩色铅笔对于初学者来说较为简单，它色彩丰富、柔和，不需要通过调配来获得颜色，这样就避免了因为颜色调配不好而效果不佳，对于艺术功底薄弱的学生更容易掌握。它可以通过笔触用力的大小来控制色彩的明暗深浅，相对于马克笔这种需要画出张力和弹性线条的工具来说，是有优势的。彩色铅笔的另一个特点就是它具有可修改性，不满意的地方用橡皮擦去即可。但是，一幅细致的彩铅表现图需要很长的时间完成，因为色彩想要丰富就需要不同颜色的彩铅相互叠加，这是需要通过大量练习才能够达到的。

彩铅在排线时要做到均匀、细腻，切忌不可随意方向排线，否则会显得画面凌乱，而是要根据画面要求、所绘物体性质和构图走向来决定。比如在画天空时一般打斜直线或斜曲线；在画植物时要分析所绘面积的大小，如果是面积较大的树冠，需要大面积铺色调和叠色，如果是面积较小的灌木、地被植物，则应该按照植物的长势和叶形来细致描绘（图 1-1-59～图 1-1-61）。

图 1-1-59　彩铅排线

图 1-1-60　彩铅平面表现

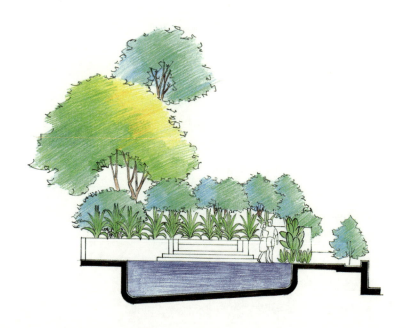

图 1-1-61　彩铅立面表现

图 1-1-62 彩铅景观小品绘制步骤

绘制步骤如下（图 1-1-62）：
① 勾勒铅笔稿。
② 整理铅笔稿，并上墨线。
③ 用彩铅将主要的色调浅浅地铺一遍。
④ 将细节部分用彩铅重点刻画，注意植物叶片的深浅变化，石块的亮面、灰面及暗面转折及光影变化。

1.4.3 综合表现技法

马克笔和彩铅相结合是手绘表现的趋势，两者取长补短。马克笔大面积的着色弥补了彩铅费时的缺点，而彩铅通过不断叠色和用力大小而获得的丰富色彩变化弥补了马克笔单只单色的缺点。

例如，在效果图中，利用马克笔的灰色调为整体画面定下基调，再在局部用彩铅顺着马克笔的痕迹进行进一步延伸。有些初学者对着照片画效果图，照片上出现什么颜色就用什么颜色的马克笔大面积平涂，这种做法是错误的。有时可以先用灰色调马克笔涂底色，再用彩铅叠加。但是，在表现过程中切忌不要将画面完全填满，局部略留有一些空白更能够表现空间感。马克笔与彩铅结合的用法还有很多，比如用马克笔表现硬质景观，用彩铅表现软景观和天空；又或者用彩铅表达亮面，用马克笔表现灰面和暗面等。总之，要根据画面的整体效果来合理安排。

绘制步骤如下（图1-1-63）：

①勾勒铅笔稿。

②整理铅笔稿，并上墨线。背景乔木的树冠轮廓线可以不画，只画树干，这样在后期上色时树冠形状可以更加丰富，不死板。

③用彩铅将主要的定位色调浅浅地铺一遍，为后期马克笔上色打底。

④用暖灰色调画椅子的坐面和投影，投影要有变化，有深有浅，才能够建立起空间的立体感；灌木的前后空间感要拉开，前面的灌木颜色浅，套色多，后面的灌木颜色深，主要表现体积，所以套色少；远处的植物和山用色较灰，主要为了达到近实远虚的效果。

图1-1-63 综合表现效果图步骤

单元2 景观要素表现方法

学习目标

【知识目标】
（1）掌握乔木、灌木、花草、地被等表现方法。
（2）掌握山石、水景、人物、汽车、铺装等表现方法。
（3）掌握园林小品的表现方法。

【技能目标】
会用针管笔、马克笔表现园林设计要素。

2.1 植物表现

植物是景观环境的构成要素之一，又是主题的烘托者，甚至是表现者，所以景观植物在景观设计中起着至关重要的作用。

植物作为一种景观要素，通常分为乔木、灌木、花卉、草坪等不同类型。有时需要单体的细部表现，有时又需要组合的概括表现。

2.1.1 乔灌木表现方法

2.1.1.1 乔灌木立面线稿表现

（1）乔木线稿表现

乔木有明显而高大的主干，其树干和树冠之间有明显区分。

①树干

在乔木的表现中，树干是体现植物细节的地方。有些树枝沿主干交替出枝，有些树的树干逐渐分枝；有些树枝向上伸展，有些树枝下垂。刻画树干的时候应该注意树枝要从下向上逐渐变细，要清楚地表现枝、干、根各自的转折关系，画枝干时注意上下多曲折，忌用单线。树干与树冠之间要注意比例协调，用笔时可以加强顿挫转折来表达树干的皱皱和树木的矫健多姿（图1-2-1～图1-2-3）。

嫩叶、小树用笔可快速灵活；老树可用曲折线表现其苍老感。

模块1 基础篇

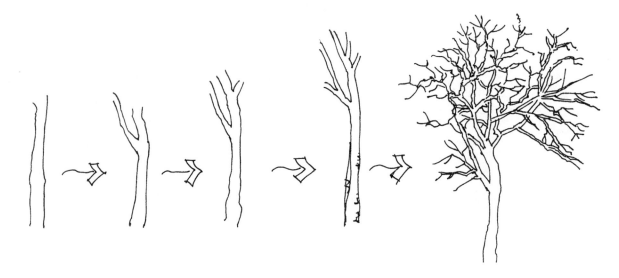

图1-2-1 乔木树干表现步骤

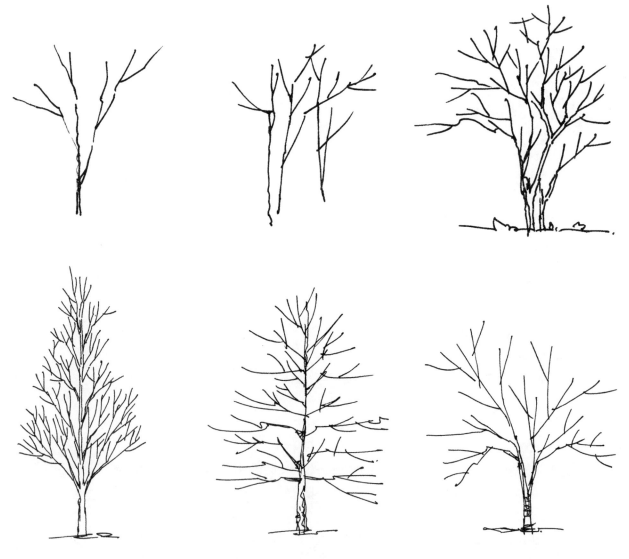

图1-2-2 简单的树干表现

图 1-2-3 复杂的树干表现

②树冠

树冠的绘制要注意形状准确,与树干比例适宜。用"齿轮线"画出树冠的外轮廓,注意上窄下宽的形态特征以及线条的起伏节奏变化。用马克笔给树冠上色时也可不勾画树冠轮廓线,只用色彩区分前后关系,但要注意控制树冠的形状(图1-2-4)。

③棕榈科植物的表现

绘制棕榈科植物时首先要找到基本形——树干和叶片的形体,然后分析每个部分的画法,要注意叶片之间的变化,画叶片时中间要有一定的留白,叶片的关系要明确,特征要鲜明,最终效果一定要下重上轻(图1-2-5、图1-2-6)。

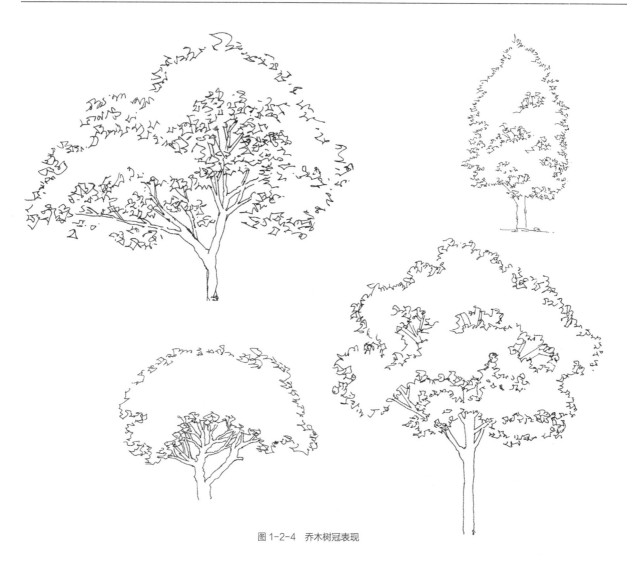

图 1-2-4 乔木树冠表现

图 1-2-5 棕榈科植物叶片表现

图 1-2-6 棕榈科植物单株表现

（2）灌木线稿表现

灌木是指树体矮小、主干低矮或无明显主干、分枝点低的树木，通常高6m以下。灌木通常以片植为主，分为自然式和规则式种植两种，其画法一致，要求细致。灌木在画面中经常与乔木和地被植物搭配，无论体块、高度和细腻程度都要与其他植物相区别。

灌木的树干比较矮，一般大灌木的画法与乔木相似，但在高度上比乔木要低，树干的分枝点低；小灌木的树干可以被地被植物挡住，或树冠直接匍匐于地面。

灌木树冠的绕线方法很多，有"几"字形和"M"形等，可以根据画面和习惯自由搭配。

①自然式（图1-2-7、图1-2-8）

②规则式（图1-2-9）

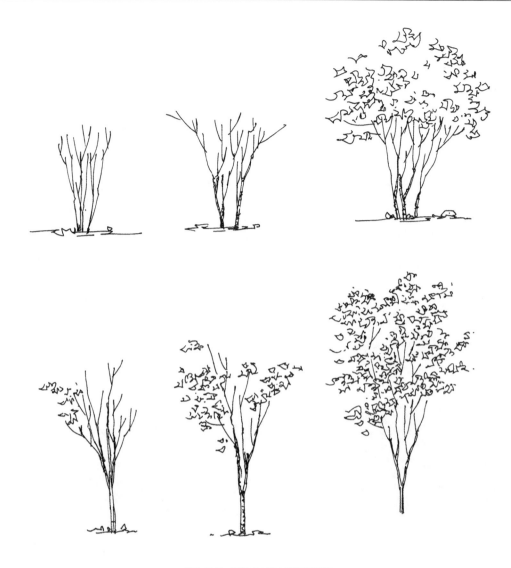

图 1-2-7 自然式大灌木的绘制步骤

图 1-2-8 自然式小灌木的绘制步骤

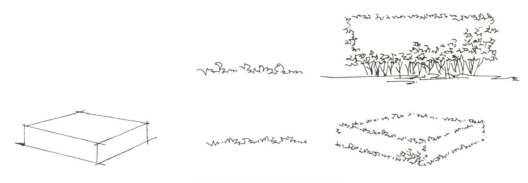

图 1-2-9　规则式灌木的绘制步骤

2.1.1.2　乔灌木立面色彩表现

（1）乔木色彩表现一般方法

乔木的上色主要集中在树冠表现上，要根据生长特性和马克笔的属性来完成基本的形态绘制。单株乔木树冠的色彩表现分为四个部分：亮面、过渡面、暗面、反光。绘制时先确定树冠的形态，按照植物的生长趋势运笔。从亮面着色，由浅到深完成上色，注意反光部分的色彩不能太深，可以加入环境色套色，植物叶片要有明显的明暗对比，画完后观察整体，再进一步调整画面色彩效果（图 1-2-10、图 1-2-11）。

图 1-2-10　乔木上色步骤

图 1-2-11　单株乔木色彩表现

具体步骤如下：

①绘制轮廓

先确定所要刻画树木的大体形状，根据其形状绘制出树冠的走向及树冠与树干的关系。

②绘制结构

根据光线的方向和枝叶的结构继续深化，绘制出树冠的明暗交界线。

③绘制明暗关系

加强阴影的刻画，绘制灰部，使其很好地连接亮面及暗部。

④着色

选择绿色系给树冠着色，选择棕色系给树干着色。先用马克笔做色彩的大关系，再用彩铅进行细节的过渡和补充（图 1-2-12）。

图 1-2-12　阔叶树的效果表现
A~C.阔叶树线稿表现　D~G.阔叶树色彩表现
E~G的上色步骤为：确定整体的色调，选好马克笔。叠色时由浅至深，根据明暗关系画出整体关系，深色要比浅色的面积小，运笔要快，笔触自然，同时注意留白，整体色感要通透。然后回到细节，加强对比关系，用深色加深暗部，用高光强调亮部，同时注意环境色的影响。

（2）灌木上色步骤

灌木和乔木不同，相对矮小，但画法相同，只是没有明显的主干。根据灌木特点画出大体形态，线稿不宜过于深入，假设光线来源方向，亮面与暗面的色彩要有明确的明暗关系。当笔的颜色比较容易散开时，刻画的时候外轮廓适当放松一点，不宜画得太紧，调整画面整体色彩，协调画面关系（图1-2-13）。

（3）色叶树和观花树色彩表现

线稿绘制方法同上。颜色选择有所不同，选用黄棕色系表现秋色叶树种或者用粉红色系表现观花树种（图1-2-14、图1-2-15）。

图1-2-13　灌木单株上色表现

图1-2-14　色叶树的效果表现

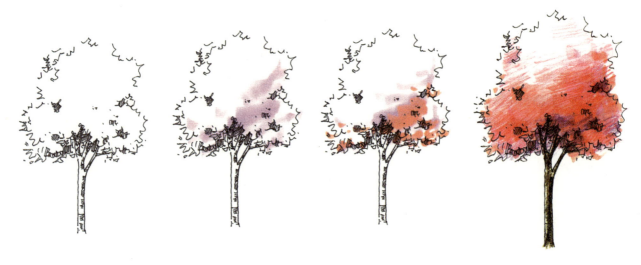

图 1-2-15 观花树种的效果表现

（4）针叶树色彩表现（图 1-2-16）

具体步骤如下（以松树为例）：

① 绘制树干

表现形态的重点，主干虬曲，纹理清晰。再根据生长特点绘制其他枝干，多用弯曲活

图 1-2-16 老年松的效果表现
A～C.老年松线稿表现 D～G.老年松色彩表现

泼的线条表现。

②绘制叶片

短线呈扇形排列，成簇生状，直接生于枝干上，注意叶簇的疏密、排列及透视关系。

③绘制明暗关系

重点刻画暗部。

④着色

根据明暗关系，用蓝绿色系沿叶片的线条进行着色，用黄棕色系沿树干的纹理进行着色，期间注意留白及暗部的刻画。

一般柏类、杉类的画法与此相似（图1-2-17）。

图1-2-17　柏类、杉类的效果表现

2.1.1.3　乔灌木平面表现

第一步，用"。"或"．"画出树干的位置。

第二步，用不同的线条勾出树冠的轮廓，基本形状为圆形。

第三步，用线条组合表示树枝或分枝。

第四步，用线条组合和排列表示树冠质感。

第五步，用美工笔或黑色马克笔绘出树冠的落影。

第六步，用马克笔或彩铅进行着色。平面着色时，要轻快、透彻，不要反复叠色，一般用两个色彩，只需分清明暗两个层次即可，最多再加入一个颜色调整过渡。注意使用对比色、色彩序列和留白的处理。可以单用马克笔或彩铅，也可以二者结合使用（图1-2-18）。

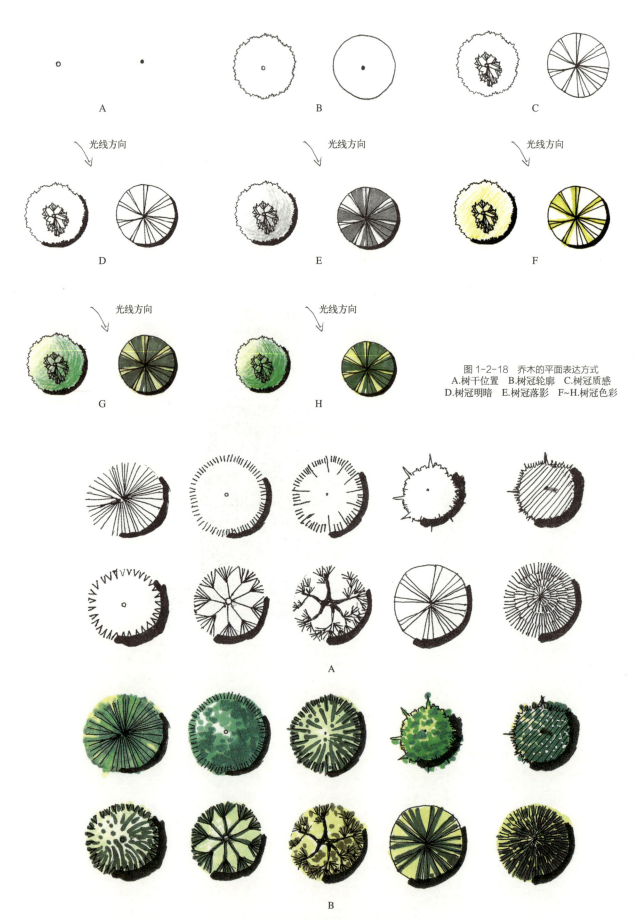

图 1-2-18 乔木的平面表达方式
A.树干位置 B.树冠轮廓 C.树冠质感
D.树冠明暗 E.树冠落影 F~H.树冠色彩

图 1-2-19 单株针叶树平面表现
A.单株针叶树平面线稿表现 B.单株针叶树平面色彩表现

不同类型的树种，可由上述方法衍变成各种不同的图案，表达应有所区分。如针叶树、阔叶树、竹类、棕榈类、整形树等。

针叶树：树冠轮廓线多为锯齿形线或针刺形线，若是常绿针叶树，则在树冠轮廓线内加画平行的斜线。着色时可以选用偏冷灰的绿色（图 1-2-19）。

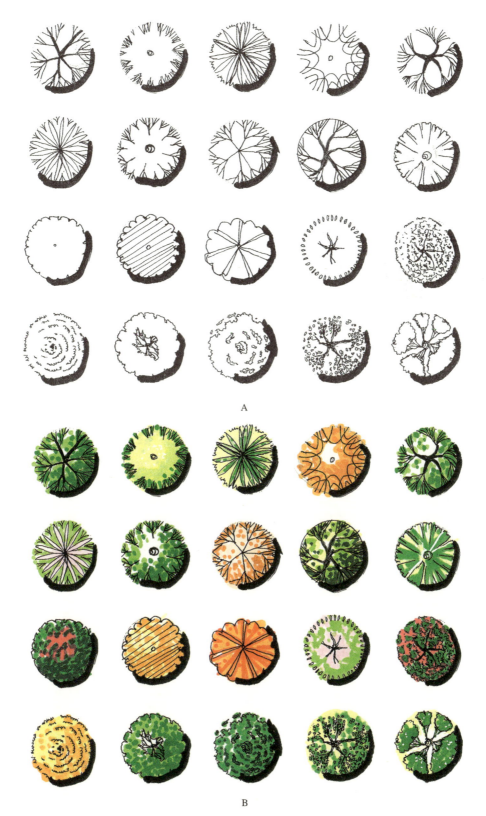

图 1-2-20　单株阔叶树平面表现
A.单株阔叶树平面线稿表现　B.单株阔叶树平面色彩表现

阔叶树：树冠轮廓线一般以圆弧线或波浪线表现，常绿阔叶树多用枝叶法表现，或在树冠内加画平行的斜线。落叶阔叶树多用枯枝法表现。着色时可以选用偏暖的绿色（图1-2-20）。

棕榈类：多用枝叶法表现棕榈科植物叶丛的分布特点（图1-2-21）。

竹类：多用"个"字形组合或叶群的方式画在种植范围内予以表现（图1-2-22）。

整形树：以规则的圆形符号进行表现（图1-2-23）。

图1-2-21 单株棕榈类平面表现
A.单株棕榈类平面线稿表现　B.单株棕榈类平面色彩表现

图1-2-22 竹类平面表现
A.竹类平面线稿表现　B.竹类平面色彩表现

图1-2-23 整形树平面表现
A.整形树平面线稿表现　B.整形树平面色彩表现

2.1.2 草本植物表现方法

景观中常见草本植物有狭叶型，如剑麻、龙舌兰等；匍匐垂蔓型，如凌霄、常春藤等。还有水生植物，如荷花、睡莲等以及其他形态各异的植物，如鹤望兰、八仙花、郁金香、风信子等。

在刻画草本植物时，首先要准确抓住轮廓特点，注意叶片的前后穿插及透视关系，上色时根据植物的特点选色，着重明暗关系和光影的处理，同时注意环境色的影响。

2.1.2.1 剑麻（图1-2-24）

画叶的线条要利落肯定，表现叶形的硬度，有虚实变化，反映出叶片的穿插关系。画花的线条圆润灵活，着眼整体花序的形态，反映出花序的丰满。花叶比例协调，明暗关系清晰。

先用蓝绿色系的浅色对暗部进行着色，亮部留白；再用更深一度的暖绿色进行叠色，加深明暗关系的刻画，最后可加入偏冷的蓝紫色对比，突出重点。

图1-2-24 剑麻的效果表现
A.剑麻的线稿表现 B~D.剑麻的色彩表现

2.1.2.2 凌霄（图1-2-25）

勾勒凌霄花叶的分布范围，线条应柔软飘逸，反映出其匍匐的生长状态，花叶有虚实变化。

匍匐类的植物上色时，色调要统一，用笔从整体考虑。凌霄选择固有色时，花叶的色相应对比明显，突出花叶各自特点，花部选择偏暖的黄色系，叶部可用偏冷的绿色系。着色整体起笔，浅色着第一遍，从暗处画起，花部亮部可留白；再用深一度的暖绿色重点加强暗部，突出明暗对比，最后用黄绿色进行细节处理，使整体色调统一，画面生动。

图1-2-25 凌霄的效果表现
A.凌霄的线稿表现 B~D.凌霄的色彩表现

2.1.2.3 水生植物（图1-2-26、图1-2-27）

叶子通常为表现主体，刻画要注意角度和透视关系，应聚散有度，拉开空间关系，线条流畅。结合植物的画面处理，相应地画出水面的水纹关系，线条应避免拖沓。

先给植物着第一遍固有色，根据叶片的空间层次，叶片色相可略有区分，花在着色时点到为止，适当留白，再用深一度的绿色加深暗部，同时对水面环境着浅蓝色。最后再用深绿色、深蓝色加强明暗关系及细节刻画，使画面生动，体现水生植物的活力和特点。

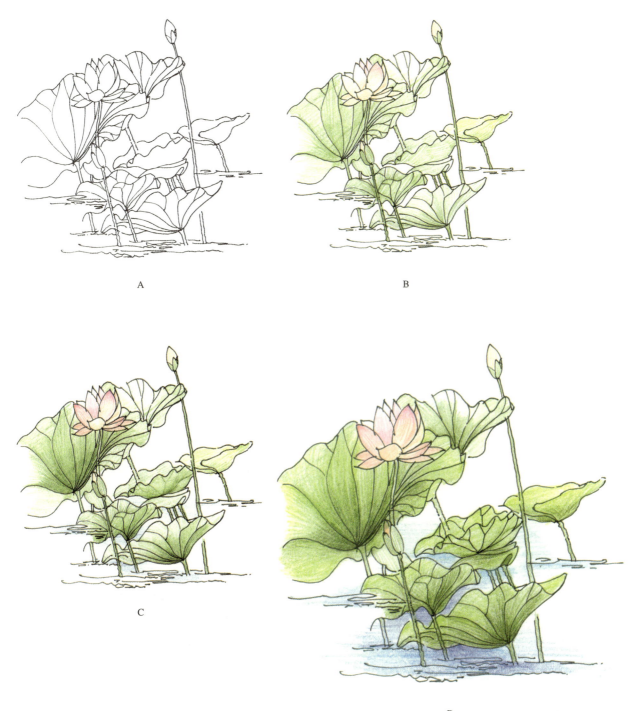

图1-2-26 荷花的效果表现
A.水生植物——荷花的线稿表现 B~D.水生植物——荷花的色彩表现

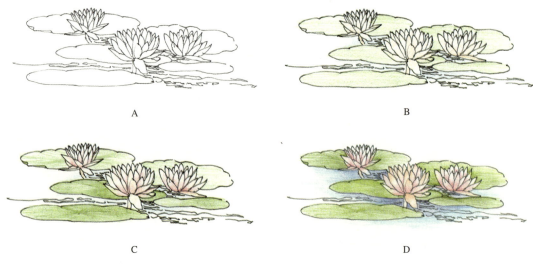

图1-2-27 睡莲的效果表现
A.水生植物——睡莲的线稿表现　B~D.水生植物——睡莲的色彩表现

2.1.2.4 鹤望兰（图1-2-28）

勾勒鹤望兰的整体外形轮廓，确定形体结构，注意枝叶和花的透视关系和构图，线条应流畅。

简单明确地用固有色进行第一遍着色，然后选用冷暖对比强烈的深绿色进行暗部着色，最后用紫色着环境色，并用棕色刻画暗部，加强明暗对比，丰富画面层次。

图1-2-28 鹤望兰的效果表现
A.鹤望兰的线稿表现　B~D.鹤望兰的色彩表现

2.1.2.5 八仙花（图1-2-29）

勾勒八仙花的群体轮廓，细致刻画叶及花的结构和明暗关系，线条流畅，有虚实变化。

用固有色整体平铺第一遍，亮部留白；用深一度的绿色及紫色分别加深叶子和花朵的暗部；用棕色系进一步加深暗部刻画及着环境色，使画面生动。

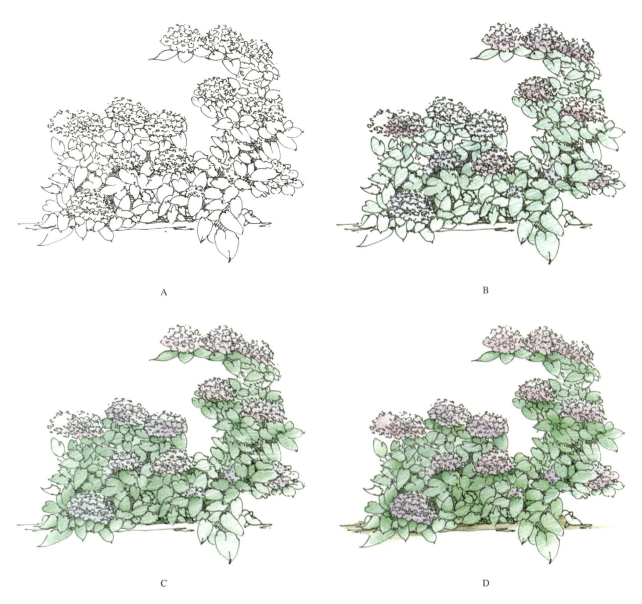

图 1-2-29　八仙花的效果表现
A.八仙花的线稿表现　B~D.八仙花的色彩表现

2.1.2.6 郁金香（图1-2-30）

花部为表现重点，细致刻画花朵的轮廓和结构，再根据花朵分布简单勾勒出叶子分布及轮廓，线条应有虚实变化，明暗关系简单处理。

用亮黄色为花朵平铺着色，用黄绿色为叶片着色。再选择橘色刻画花朵暗部，用黄绿色着第二遍色，刻画叶子暗部，明确前后关系。最后用相同的橙色刻画花朵的细节，前部花朵色彩刻画应表现层次，后部花朵虚化处理。

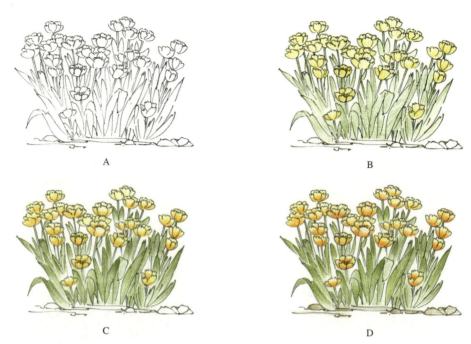

图 1-2-30 郁金香的效果表现
A.郁金香的线稿表现　B～D.郁金香的色彩表现

2.1.2.7 风信子（图1-2-31）

先勾勒叶子的轮廓，以确定绘画构图。叶间填充花序轮廓，细致刻画花朵的轮廓和结构，线条应有虚实变化，由于花型细碎，应简单刻画明暗关系。

用固有色平铺着第一遍色，为拉深画面层次关系，靠前的花序和叶片可以选择暖色，靠后的花序及叶片选择冷色，注意冷暖色的交替。再用深一度的色彩进行暗部的刻画，加强明暗关系。最后进一步着色刻画细节，使画面生动，层次丰富。

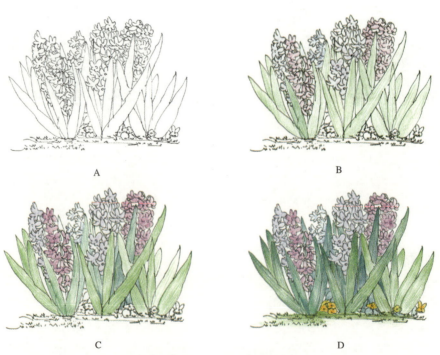

图 1-2-31 风信子的效果表现
A.风信子的线稿表现　B～D.风信子的色彩表现

2.1.3 群体植物的表现

群体植物重点表现植物之间的关系，要考虑整体构图，各植物间的比例，空间层次关系等。表现时主要利用明暗、冷暖、虚实等对比手法进行画面处理，总体原则为前景中对比，中景强对比，背景弱对比，同时要考虑环境色的影响，把微妙的变化表现出来。

2.1.3.1 乔木组合表现

（1）平面表现（图1-2-32）

同种相接树木的平面表现：应互相避让，使图形成为整体。

成林树木的平面表现：可只勾勒林缘线。

（2）立面表现（图1-2-33、图1-2-34）

茂密的树林或相接的常绿乔木，线稿重点表现树冠的轮廓及结构，弱化树干表达，不处理明暗关系，为着色留余地；着色时，简单区分树木之间关系即可，无需太强的对比关系。落叶乔木林，线稿重点表现枝干的生长走势和动态，树冠部分作为整体考虑，边缘轮廓简单勾勒，着色时直接用点笔法概括表现即可。

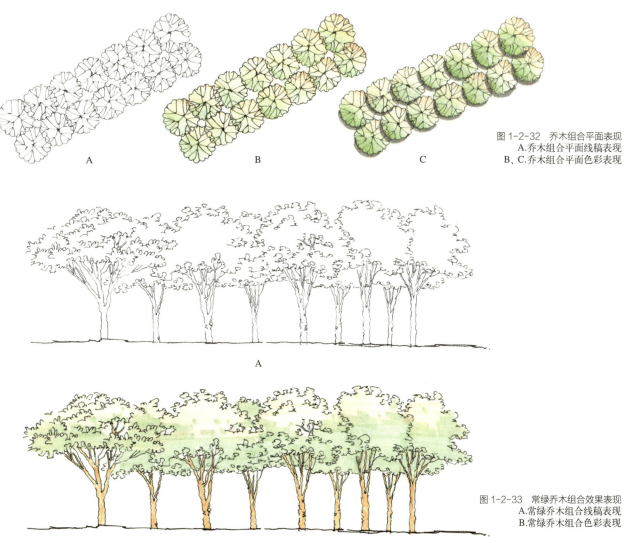

图1-2-32 乔木组合平面表现
A.乔木组合平面线稿表现
B、C.乔木组合平面色彩表现

图1-2-33 常绿乔木组合效果表现
A.常绿乔木组合线稿表现
B.常绿乔木组合色彩表现

模块1 基础篇

图1-2-34 落叶乔木组合效果表现
A.落叶乔木组合线稿表现　B、C.落叶乔木组合色彩表现

2.1.3.2 灌木组合表现

（1）平面表现（图1-2-35、图1-2-36）

如为相同树种，线稿勾勒边缘线即可，要着色时采用平铺法表现出简单的明暗关系。若为不同树种的多层次组合，依照植物的大小关系，画出每种灌木的轮廓线。注意互相避让，使图形成整体，着色时按照植物高度及疏密关系，分别进行明暗处理，整体色调统一。

图1-2-35　规则式灌木组合平面表现
A.规则式灌木组合平面线稿表现
B.规则式灌木组合平面色彩表现

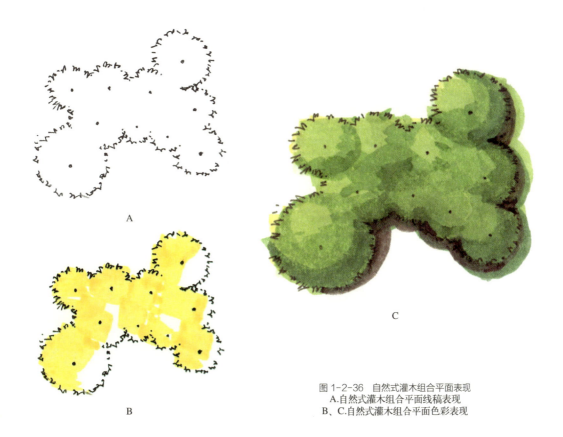

图1-2-36　自然式灌木组合平面表现
A.自然式灌木组合平面线稿表现
B、C.自然式灌木组合平面色彩表现

（2）立面表现（图1-2-37～图1-2-39）

层次简单的灌木组合重点表现整体的结构和前后的空间关系，线稿可简单勾勒明暗线来表示暗部及后面的灌木。着色时，重点强调受光部和阴影的明暗对比。

多层灌木组合应重点表现植物种类及整体层次的多样性，线稿要注意植物形态、明暗的对比，可辅以适当的配景来表现透视关系，丰富构图层次。着色时，强调受光部和阴影的明暗对比，可通过色调的变化来进一步拉大整体放入空间层次。其他非重点表现的植物可做留白处理。

图1-2-37　规则式灌木组合效果表现
A.规则式灌木组合线稿表现　B、C.规则式灌木组合色彩表现

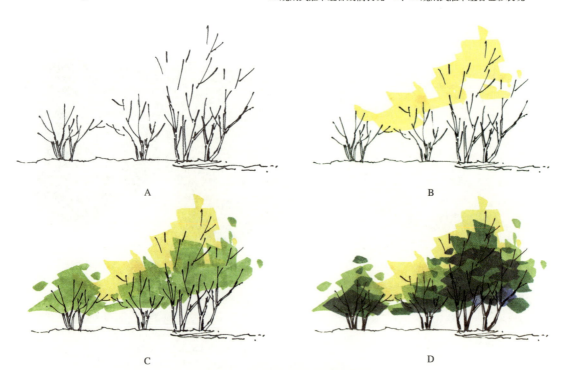

图1-2-38　自然式灌木组合效果表现
A、B.自然式灌木组合线稿表现　C、D.自然式灌木组合色彩表现

图 1-2-39　多层次自然式灌木组合效果表现
A.多层次自然式灌木组合线稿表现　B、C.多层次自然式灌木组合色彩表现

2.1.3.3 乔灌草组合表现

(1) 平面表现（图1-2-40、图1-2-41）

多层次的植物组合在平面表现时，要清晰正确，能够表现植物设计。线稿只要勾勒出图例的轮廓和图案，不同植物类型选用适合的色相着色。植物高度通过落影的大小来表现。通常草坪、地被等着色比乔灌木浅，重点观赏植物可用亮色，注意色调的冷暖对比。

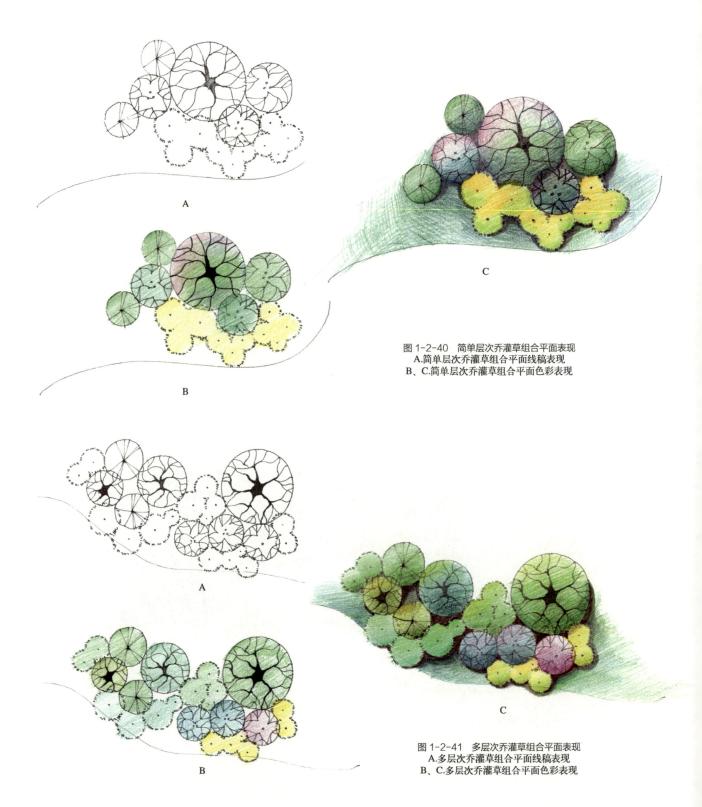

图 1-2-40　简单层次乔灌草组合平面表现
A.简单层次乔灌草组合平面线稿表现
B、C.简单层次乔灌草组合平面色彩表现

图 1-2-41　多层次乔灌草组合平面表现
A.多层次乔灌草组合平面线稿表现
B、C.多层次乔灌草组合平面色彩表现

（2）立面表现（图1-2-42、图1-2-43）

重点表现植物的空间层次关系。利用明暗、冷暖、虚实等对比手法使植物层次清晰，空间丰满，同时注意整体构图。植物组合在空间构图上主要分为三个层次，即远景、中景及近景。远景植物通常用来衬托中景植物，只需画出轮廓即可，整体做"虚"处理，色彩

图1-2-42　简单层次自然式灌木组合效果表现
A、B.简单层次自然式灌木组合线稿表现　C、D.简单层次自然式灌木组合色彩表现

图1-2-43　多层次自然式灌木组合效果表现
A、B.多层次自然式灌木组合线稿表现　C、D.多层次自然式灌木组合色彩表现

常用冷色调,加强深远感。中景植物表现出植物特征,绘制轮廓及明暗关系,明暗、色彩应与前后的植物关系形成对比。前景植物描绘要细致,除表现出植物类型特点及明暗关系外,枝叶还要刻画出纹理,可着色,也可留白。

植物相接时,要淡化处理植物之间的边缘线,使画面表现自然。相邻植物若为前后关系,色调要有变化,区分明显,即有明显的"亮"与"暗"的对比关系。同时还要加入环境色对植物色彩的影响。

2.1.3.4 植物景观综合表现

在进行植物综合表现时先找准透视构图,画出铅笔线稿,再根据画面效果增加或删减内容。铅笔线稿完成后上墨线,为了方便马克笔上色,线稿的明暗关系不应拉得太大,如果上色时不希望植物树冠有明显的轮廓线,可在上墨线时不画树冠轮廓线,但上色时要注意树冠的形状舒展自然。

画面中有大量植物出现时需要注意植物的近实远虚关系,根据树木距离画面的远近用不同的绿色或不同的深浅来区分(图1-2-44、图1-2-45)。

图1-2-44 乔灌木的综合表现1

单元2 景观要素表现方法

图 1-2-44 乔灌木的综合表现 1（续）

图 1-2-45 乔灌木的综合表现 2

单元2 景观要素表现方法

图1-2-45 乔灌木的综合表现2(续)

2.2 山石、水景与园路表现

山石、水景、园路是园林中基本的造园要素。我国自古有"园可无山，不可无石"之说，足以体现山石在园林造景中的重要性；水景之柔美使得园林景观充满灵性；园路在园林景观中的贯穿、分割及引导体现景观的承接与层次，所谓"曲径通幽"即体现园路的意义，不同的园路设计处理往往反映出不同的园林风格。如何表现这些造园要素，是园林景观设计学习的重要部分。

2.2.1 山石的画法

山石的种类很多，中国园林常用的石有太湖石、黄石、青石、石笋、花岗石、木化石等。不同的石材其形态、质感、色泽、纹理等特性均有不同，因此，画法也各具特点。

山石形态造型上有圆方之别、纹理之异。在表现中，应把握山石的形态、结构、纹理特点，通过不同类型的线条与线条组构形式，表现出其黑、白、灰三个基本的体面结构，这样山石就有了立体感。

在线条运用中，应注意轮廓线、结构体面分界线、纹理塑造类线条的不同处理。轮廓线应明确肯定有顿挫曲折之节奏变化，不可勾画太死；结构体面分界线应灵动而贴合形体结构变化特点；纹理塑造类线条要根据不同石材的纹理变化特点，生动组织线条的排列与穿插，线条组织应疏密有别，不可平均对待。

中国画的山石表现方法能充分表现出石头的结构、纹理特点，中国画讲究的"石分三面"和"皴"等，都可以很好地表现山石的立体感和质感（图 1-2-46～图 1-2-50）。

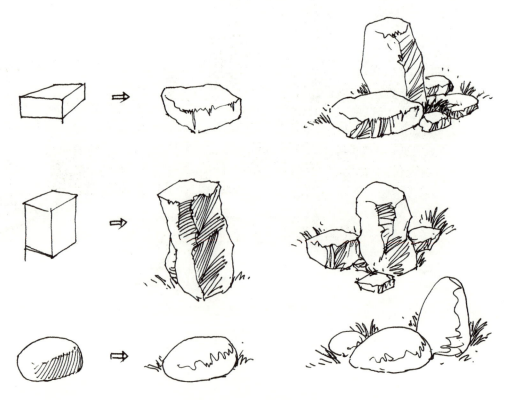

图 1-2-46 山石体面结构表现

图 1-2-47　山石空间组织关系

图 1-2-48　山石组合表现

图 1-2-49　园林置石景观表现 1

图 1-2-50　园林置石景观表现 2

例1：①先用铅笔确定构图及石块与植物的比例、结构和组合关系，然后用墨线画出石块、植物的轮廓与结构。用线要准确流畅，线条组织要疏密得当，穿插有致（图1-2-51）。

②用偏暖的浅灰色表现石块的体积关系，用笔要贴合石块结构，表现出受光面与背光面的明度变化层次；植物着色应从受光面入手，用偏暖的明度较高的黄、黄绿等色依次过渡涂色，同时，用笔要快速而生动（图1-2-52）。

③用偏冷、明度较低的绿色表现植物的暗部，笔触衔接要概括而错落有致，以表现植物的生动性；用黄绿色表现草坪的色彩（图1-2-53）。

④用偏暖的灰色、褐色等表现出石块的暗部及投影，逐步调整画面的细节与层次，以表现画面中色彩关系的生动性（图1-2-54）。

图1-2-51　石头组合色彩表现1（步骤一）

图1-2-52　石头组合色彩表现1（步骤二）

图1-2-53　石头组合色彩表现1（步骤三）

图1-2-54　石头组合色彩表现1（步骤四）

例2：①用墨线表现石块、植物的轮廓及体面关系（图1-2-55）。

②用淡青色、浅灰色表现石块的体面转折关系，用浅黄色、黄绿色、绿色等表现植物的明暗色彩变化（图1-2-56）。

③用浅黄色、淡青色、浅灰色、深灰色等，通过叠加表现石块色彩的丰富变化（图1-2-57）。

④马克笔表现中要注意以适用当留白的方式表现物体的高光及色彩的生动性。进一步用不同明度与冷暖的绿色表现植物的细节，用浅灰、浅紫、深灰等色叠加表现石块的高光、暗部、投影及反光等细节的色彩变化（图1-2-58）。

图1-2-55　石头组合色彩表现2（步骤一）

图1-2-56　石头组合色彩表现2（步骤二）

图1-2-57　石头组合色彩表现2（步骤三）

图1-2-58　石头组合色彩表现2（步骤四）

2.2.2 水景的画法

水,无形无态,园林景观中就是利用水的特质、水的流动性,营造不同的水景效果。画水就是要表现水的特质,水面中天空、周围景物的倒影,表现其微波粼粼的特质。园林中的水景通常有静水和动水之分,动水又有波纹水面、流动水面和瀑布、跌水等由于高差变化所形成的垂直动水之分。

画水着重表现水中的倒影与反光的关系。静水是指相对静止不动的水面,水明如镜形成明显的镜面反射,倒影清晰。表现静水通常用平行直线或小波纹线表现水岸相接处的倒影轮廓,反光部分则以留白为主,线条要轻盈活泼,有疏密断续的虚实变化,以表现水面的空间感和光影效果。大面积的水面由于风等外力作用而微波起伏,流动的水面由于运动也会形成波纹变化形成动水,由于水面波纹变化其影细碎模糊,表现中常用波形或锯齿形线条,也可利用装饰性线条。表现水波的涟漪时用弧线或曲线表现出其扩散感,同时注意线条的轻盈感与活泼性;瀑布和跌水等垂直动水,常用垂直直线或弧线表现,线条处理时要有方向、长短、疏密变化,同时需注意与背景的关系,做到虚实、繁简相互衬托(图1-2-59、图1-2-60)。

图 1-2-59　静水、动水的表现

图 1-2-60　跌水的表现

水通常由于受到天光或周围环境如植物、建筑、山石等的影响呈现蓝色或绿色等，马克笔上色常用较浅的蓝色、群青色、灰色等，着重表现倒影、天光反射的关系，以表现水的质感，用笔宜流畅快速。

例：①用墨线表现植物、石头等物体的轮廓，用曲线及排线方式表现物体的明暗关系（图 1-2-61）。

②用浅黄色、淡褐色、灰色给石头着色，笔触要顺着物体结构，大面积着色笔触方向要一致，同时要适当留白，颜色叠加要生动（图 1-2-62）。

③用浅黄色、绿色表现植物的明暗关系，用褐色、灰色加强石块的体面转折与明暗关系，用浅蓝色、淡蓝紫色表现水中倒影变化（图 1-2-63）。

④用深灰色加强物体暗部、投影、水面倒影的色彩变化，强调物体的明暗关系；背景处的植物可不着色，以体现前后的主次关系（图 1-2-64）。

图 1-2-61　水的色彩表现（步骤一）

图 1-2-62　水的色彩表现（步骤二）

图 1-2-63　水的色彩表现（步骤三）

图 1-2-64　水的色彩表现（步骤四）

2.2.3　山石水景的组合画法

石与水是园林中重要的造园要素，"石令人古，水令人远""山得水而活，得草木而华"，在园林造景中往往设石与水于一处，石之刚，水之柔，刚柔并济方显古典山水意境。在表现山石水景组合时，注重山石组合、大小、穿插及主次关系的表现，《芥子园画传》中有画石大间小、小间大之法，即是对山石组合关系的概括（图1-2-65）。

例：①墨线稿中，植物多用曲线表现；石头用长线、折线表现。水体着重于倒影的表现，多水平方向用笔（图1-2-66）。

②依次用浅黄、黄绿、浅蓝分别表现石头、植物、水体大的色彩关系（图1-2-67）。

③分别用较深的绿色强化植物的前后及明暗关系；用灰色、褐色加强石头暗部与投影色，塑造出石头的体积；用墨绿、橄榄绿表现水面中物体的倒影，加强水的质感表现（图1-2-68）。

图1-2-65 山石水景表现

④用高光笔强调石头、水体的高光,用深灰色加强物体的暗部及投影色彩,突出明暗关系的表现(图1-2-69)。

图1-2-66 山石水景表现(步骤一)

单元2　景观要素表现方法

图1-2-67　山石水景表现（步骤二）

图1-2-68　山石水景表现（步骤三）

图1-2-69　山石水景表现（步骤四）

2.2.4 园路的画法

园路是园林的重要组成部分，起着组织空间、引导游览、交通联系的作用。园路也被称为园林的脉络，联系着各个局部景观。其本身又是园林风景的组成部分，蜿蜒起伏的曲线、丰富的寓意、精美的图案与丰富的材质，或朴素庄重、或自然古拙、或活泼生动，都给人以美的享受。为表现出园路的曲折深远感，多用一点透视或两点透视中的微角透视方式表现（图1-2-70～图1-2-76）。

例：①墨线稿表现，道路铺装用长线，植物用短线与曲线表现（图1-2-70）。

②用浅黄色、黄绿色、绿色等给植物着色，强调植物的明暗团块关系（图1-2-71）。

③用灰色表现植物的投影，以表现植物与铺装的层次关系（图1-2-72）。

④细化植物的明暗层次关系，强化道路铺装部分的明暗色彩变化（图1-2-73）。

图1-2-70 园路表现（步骤一）

图1-2-71 园路表现（步骤二）

图1-2-72 园路表现（步骤三）

图1-2-73 园路表现（步骤四）

单元2 景观要素表现方法

图 1-2-74 园路效果表现 1

图 1-2-75 园路效果表现 2

图 1-2-76 园路效果表现 3

73

2.3 园林建筑与小品表现

2.3.1 园林建筑的画法

园林建筑是指在外部环境中兼具使用功能和景观功能的建筑物。园林建筑既可以面向公众开放，也可以私人拥有。它可以只具备单一的景观或观景功能，如亭、花架、廊、瞭望塔、观景台等；也可以兼具其他功能，如餐饮、购物、观演、居住等，前者既可以是建筑物，也可以是构筑物，后者则多为建筑物；园林建筑通常体量较小，这是由它们的功能以及与自然环境相协调的要求所决定的。

2.3.1.1 园林建筑表现的原则

（1）在景观建筑的绘制中要抓大放小

建筑的结构是复杂的，尤其是传统园林建筑，所以我们要对复杂的结构和形体进行概括，将它看作是一个个体块的组合，在把握形体、透视、明暗整体关系的基础上再对细节进行刻画，这样就能做到整体和局部的协调。

（2）根据建筑在画面中的位置和分量来确定虚实关系

如果建筑在画面中占有的比重较大，是画面的主体，我们需要对它进行细致的刻画，反之，建筑作为背景或陪衬，我们则需要对其进行虚化处理，简单表现色彩即可。

2.3.1.2 园林建筑表现的步骤

（1）铅笔绘线稿，分析构图，找准透视关系

绘制园林建筑时，并不只是单单描绘一座建筑，而是要将建筑放在画面中进行整体考虑，这就需要对画面构图和透视做一个基本定位。首先用铅笔绘稿是为了把握建筑与画面的整体关系和透视角度，方便做修改。

在一张完整的画面中，一般分为远景、中景、近景三个部分，需要择其一进行重点刻画，如果建筑位于重点刻画的部位上则需要细致描绘细节，反之可以概括描绘形态和体积。建筑透视的表达也需要注意其与整体的关系，是一点透视还是两点透视，是仰视、俯视还是鸟瞰等。

（2）上墨线，添加细节

在铅笔定好初步线条后，就可以用钢笔或针管笔等上墨线细致刻画了。在上墨线时要求尽量详尽一些。可以选择工整的尺规作图，也可以选择相对自由的徒手绘制，这两者表达的快慢不同，效果也不同。

在上墨线时还需要注意墨线表达的深入程度，如果想重点表现线条，则可以深入刻画线条细节，色彩做简单点缀；如果想重点表现色彩渲染效果，那么有些线条则可以省略，不然会影响色彩渲染效果（图1-2-77）。

（3）马克笔、彩铅上色

根据建筑的透视方向和结构关系运线，可以通过马克笔的粗细变化表现虚实关系。上色时注意明暗变化和色彩叠加。明暗关系不明显，建筑会显得缺乏空间和层次变化，没有立体感。由于一支马克笔只有一种颜色，所以马克笔在表达环境色对建筑的影响时往往需要叠色。利用同色系叠色会产生丰富的色彩变化,如屋面、墙体等在光照下都会产生色彩变化;利用不同色系叠色能够表现环境色对建筑的影响,如玻璃反射的环境,植物或其他构筑物在建筑上产生的投影;利用灰色与彩色叠色会产生饱和度的变化,如建筑的阴面和阳面的色彩变化等。但要注意叠色不可过多,否则建筑色彩过多,既破坏结构又喧宾夺主(图1-2-78)。

彩铅作为上色的常用工具之一,用法与铅笔相似,它既可以单独使用,也可以配合其他上色工具同时使用,它的特点是细腻、柔和,尤其是叠色时能够产生丰富的色彩效果。但是,由于彩铅上色速度较慢,所以通常与马克笔结合使用,重点用来增强建筑质感,如石墙、砖墙等自然材质,本身色彩变化就很丰富,马克笔可以用来绘制亮面色调或者给马克笔打底,增强灰面效果(图1-2-79)。

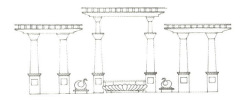

图1-2-77　园林建筑平、立面墨线稿

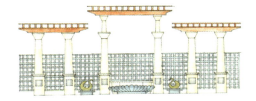

图1-2-78　园林建筑平、立面上色

图1-2-79　园林建筑效果图

2.3.2 园林小品的画法

园林小品是指在外部环境中兼具使用功能和装饰功能的景观构筑物,它是景观中的点睛之笔。园林小品比园林建筑体量小、色彩单一,一般分为装饰类小品、展示类小品、休憩类小品、服务类小品、照明类小品,如园桌、园椅、灯具、指示牌、花坛、花钵等。

2.3.2.1 园林小品表现的原则

(1)在景观小品的绘制中要注意局部与整体的比例关系。景观小品是用来组织空间、烘托氛围的,所以它往往是空间中的陪衬,把握好尺度是体现构图主次分明的关键,一张效果图中,如果小品占用的空间过大会显得单调,过多又会显得繁杂。

(2)由于景观小品体量小,结构和色彩都较为单一,线稿和上色时尽量做到与整体统一,把握大效果,不做过多的繁杂描绘。

2.3.2.2 园林小品表现的步骤

(1)铅笔绘线稿,把握整体与配景

用铅笔定型,把握小品的形态和结构。景观小品讲究巧而得体、精而合宜,线稿在表达时不必过于工整、拘谨,而是要让它"活"起来。另外,在绘制小品时往往忽略了配景,这是不可取的。在刻画小品时一定要注意配景植物,合理地处理前后和疏密关系(图1-2-80)。

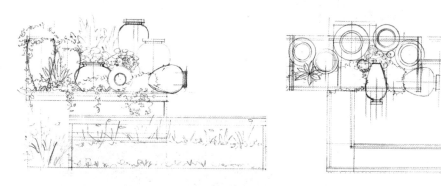

图1-2-80 园林小品平、立面铅笔线稿

(2)上墨线,添加细节

在上墨线时注意不要把轮廓刻得过"死"(图1-2-81)。

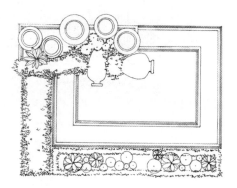

图1-2-81 园林小品平、立面墨线稿

（3）马克笔、彩铅上色

在用马克笔上色时注意用笔要快、肯定，停笔时间不宜长。因为景观小品的面积很小，而马克笔的笔头较宽，特别是油性马克笔，掌握不好容易画出轮廓，上色时根据物体大小合理运用笔头的不同部位，必要时直接用彩铅绘制。

套色不宜过多，否则容易洇成一团灰色或显得过"花"（图1-2-82）。

以图1-2-83为例，陶罐的绘制步骤如下：

①绘制铅笔稿。绘制铅笔稿时可以将陶罐的体积感以及同植物间的明暗关系用素描深浅表现出来。

②上墨线。根据铅笔的明暗关系，找出暗面和投影，用细线排列。

③马克笔画陶罐时注意体积感。亮面、灰面、暗面以及明暗交界线的颜色深浅不同，

图1-2-82　园林小品平面图、立面图、效果图上色稿

图1-2-83　园林小品效果图绘制步骤

绘制时要留出高光；背景植物用深绿色铺调子，近处的植物可以用鲜艳的色彩刻画，叶片的颜色可以套色，这样才能显得丰富多彩，从而拉开画面前后的层次感。

以图 1-2-84 为例，灯具的绘制步骤如下：

①根据平、立面图画出效果图。

②上色时注意金属板和金属柱的反光效果，金属是哑光效果的可以不留高光，只需要用浅灰色和深灰色的过渡来表现金属受光时的变化；如果金属是抛光，则不仅要用浅灰色和深灰色的过渡来表现金属受光时的变化，而且要局部留出白色的线条，表现金属的镜面反光效果。

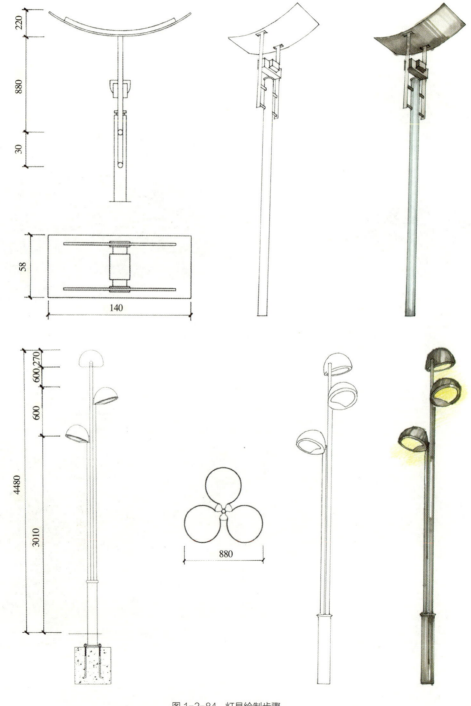

图 1-2-84　灯具绘制步骤

以图 1-2-85 为例，金属坐凳的绘制步骤如下：

①根据平、立面图画出效果图。

②上色时注意金属板块的结构转折，运笔时要根据结构和透视方向画，才能表现金属的坚硬和致密。暗部的灰色要比亮部深一些，坐板和支撑部分的结合处用白色勾缝，能够体现金属反光的细节。

③由于坐凳的坐面上有条状的缝隙，可以透出下部的结构，所以在能透见下部结构的地方要涂实。

以图 1-2-86 为例，垃圾桶的绘制步骤如下：

图 1-2-85　金属坐凳绘制步骤

图 1-2-86　垃圾桶绘制步骤

①根据平、立面图画出效果图。

②图中垃圾桶是金属和木质的组合，金属部分用暖灰色马克笔上色，注意亮面和暗面的深度不同，垃圾桶上部的金属板状结构要考虑到反光效果；木质部分需要注意到木材本身的色彩变化，在选择颜色时要有深有浅，既有偏红的地方也有偏黄的地方。受光面要浅，背光面加入暖灰色和棕色加深，缝隙处用深棕色勾画。

2.4 配景表现

2.4.1 配景人物的表现

在配景中加入人物不仅可以平衡构图，增加空间层次感和生动性，同时可以作为主景与其他配景的比例尺度和参考物。

景观配景中的人物按空间景深分为远景人物、中景人物与近景人物。远景人物表现较为概括简略，只着重表现其动态，省略细部刻画，保留外部轮廓；近景与中景人物表现要较为精练深入，表情神态等细节与动态明确。

图 1-2-87　远景人物表现

图 1-2-88　中景人物表现

图 1-2-89　近景人物表现

人体的比例、结构及动态的把握是表现的关键。一般而言，人体比例常以头的长度作为参照标准，绘画中有"立七、坐五、盘三半"之说，即站立着为 7.5 个头高，坐着为 5 个头高，盘腿而坐为 3.5 个头高。为了美观，景观配景中的人物也可将人画为 8 个头高。人体结构可概括为"一竖、二横、三体积和四肢"。一竖为人体中线（脊柱线），二横是指两肩的连线和骨盆的横线，三体积是指头、胸、臀，四肢是指双臂与双腿。在肩与臀的关系上，一般男性肩宽臀窄，女性肩窄臀宽。

配景人物要与画面空间透视比例保持协调。正常视点的画面空间，配景人物的头部在视平线上，同时不违背透视原则，近大远小，近处的人物刻画得细致一些，远处的则简略处理。人物分布应根据构图需要添加，摆放在画面比较空洞的位置，不要对环境景物主体产生过分遮挡，分布应有聚有散，强调人物组合与动态多样化（图 1-2-87 ~ 图 1-2-89）。

2.4.2　配景车辆的表现

配景车辆和配景人物一样是效果图表现的重要配景之一，对增强画面氛围、体现空间尺度关系有着重要意义。画车辆时，应理解车辆的几何形体、结构、组合关系及透视。如轿车车身是由两个不同大小的立方体相加组合而成，车轮由圆柱体组合而成。描绘时应先画准几何形体的比例、透视，然后再刻画细部。

车辆表现时其尺度与透视须与建筑、环境相一致，表达的深度也应与环境相协调，如大场景中的汽车用简单的线条概括即可。同时根据场景需要控制刻画的深度及数量。安排应从构图需要出发，不宜繁杂，否则会喧宾夺主。

画车时可以车轮直径的比例来确定车身的长度及整体比例关系；根据画面要求设计车身色彩、车身的反光等细节，应用笔触处理出简单变化，表现对周围景色的反射效果；车的窗框、车灯、车门缝隙、把手以及倒影都要有所交代（图 1-2-90）。

图 1-2-90　车辆的表现

模块 2
综合实战篇

项目1
城市道路景观表现

学习目标

【知识目标】
（1）掌握植物图例的表现方法。
（2）掌握配景的表现方法。
【技能目标】
（1）能熟练完成各类城市道路绿化方案的线条表现。
（2）能完成道路平面图、剖面图、透视图的色彩表现。

任务 1.1 城市道路平面表现

 工作任务

用线条法完成城市道路平面墨线图，并用马克笔着色。
材料与用具： 铅笔、针管笔、马克笔、橡皮、直尺、圆板尺、比例尺、绘图纸等。

 任务实施

（1）用线条法绘制道路平面图（图2-1-1）
①画出道路的轮廓线条
根据路宽按照一定比例，用流畅的线画出道路的线型（详见基础篇2.2部分内容）。
②画出道路的植物配置
在进行植物配置之前要掌握植物的平面表示方法。植物分为乔木、灌木、藤本植物、草木花卉、草坪等不同类型，根据植物类型选用相应的植物图例进行表现（详见基础篇2.1部分内容）。
③画出道路除植物以外的其他景观。
（2）用马克笔进行图纸的色彩表现（图2-1-2）
①给草坪着色
先用柠檬黄画出草坪的亮部，可以适度留白。再用中绿色画草坪的中间色，靠近草坪

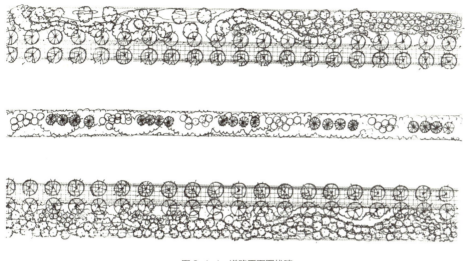

图 2-1-1　道路平面图线稿

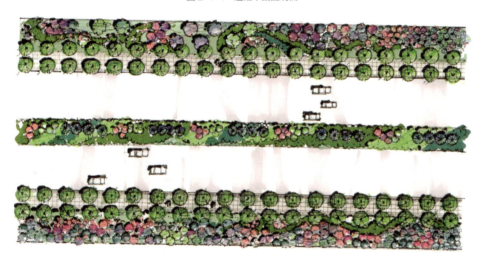

图 2-1-2　道路绿地的色彩表现

边缘处可加重着色。注意这时不能大面积平涂，而是要采用跳线的处理手法。

②给植物图例着色

乔灌木有绿色叶片的，也有彩色叶片的。对于绿色叶片的乔灌木，也要采用不同的绿色。一般针叶树的绿色要暗一些，偏冷，可用中绿色画亮部，蓝绿色画暗部；阔叶树的绿要亮一些，偏暖，可用柠檬黄、中黄画亮部，选用适当的绿色画暗部（根据树种的不同）。对于黄色叶片的彩叶树种，亮部可用柠檬黄、中黄色，暗部可用赭石或橘黄色。而紫色叶片的树种，如紫叶李，可用浅黄色画亮部，紫红色画暗部，中间用红色过渡。

③给道路着色

车行道面积较大，由于反光的原因以留白为主，可以采用暖灰色跳线的方法表现，人行道则用暖灰色进行着色。

巩固训练

完成一组四板三带式道路绿化设计方案的平面表现图，要求用线条法绘制道路平面图并用马克笔进行色彩表现。

任务1.2　道路剖面表现

工作任务

用线条法完成城市道路剖面墨线图，并用马克笔着色。

材料与用具： 铅笔、针管笔、马克笔、橡皮、直尺、圆板尺、比例尺、绘图纸等。

任务实施

（1）用线条画法表现道路剖面（图2-1-3）

根据道路平面图，选择剖切的位置，按照制图的投影法则，绘制出道路剖面图的线稿。先画出道路的剖切线，再画出植物剖面，最后画出路灯、人物、车辆等配景。

图2-1-3　道路绿地的剖面图线稿

（2）用马克笔进行色彩表现（图2-1-4）

道路的剖切线用暗色表现，如褐色；植物则根据植物种类的观赏特性进行表现，如绿色的乔灌木用柠檬黄、中黄画亮部，中绿色画中间色，深绿色画暗部；最后给配景上色。配景的色彩要根据整个画面的需要来处理，这样能起到平衡画面色彩的作用，如图2-1-4所示。

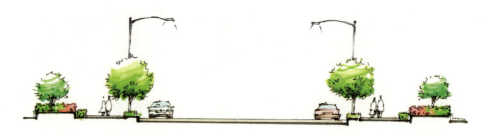

图2-1-4　道路绿地的剖面图色彩表现

巩固训练

完成一组四板三带式道路绿化设计方案的剖面表现图，要求用线条法绘制道路剖面图并用马克笔进行色彩表现。

任务1.3 道路景观效果表现

 工作任务

用线条法完成城市道路节点透视墨线图，并用马克笔着色。

材料与用具： 铅笔、针管笔、马克笔、橡皮、直尺、圆板尺、比例尺、绘图纸等。

 任务实施

（1）用一点透视表现道路景观（图2-1-5）

按照一点透视的法则画出道路透视图线稿。画出道路铺装的透视线，用简洁的线条画出远处建筑背景，使环境更加真实。画植物线稿时，要注意近景的植物表现要细致些（包括树池等细节），而远景的植物线条要简洁些，这样才符合近实远虚的透视规律。

（2）用马克笔进行色彩表现（图2-1-6）

铺装的颜色一般以灰色系为主，可用暖灰色或冷灰色，背景的建筑也可用灰色系。植物的色彩构成道路景观色彩的主体，要根据植物的观赏特色进行色彩的表现。总体说来，前景的植物色彩纯度高一些，对比度强烈一些，而远处的植物色彩纯度低一些，对比度弱一些，这样才符合景深的色彩规律。

图2-1-5 道路绿地的透视图线稿

图2-1-6 道路绿地的透视图色彩表现

模块2 综合实战篇

巩固训练

完成一组四板三带式道路绿化设计方案的剖面表现图，要求用线条法绘制道路透视图并用马克笔和彩铅进行色彩表现。

作品赏析

1. 某道路绿地的平面图、剖面图和透视图（图2-1-7～图2-1-12）

图纸点评 人行道铺装的色彩采用灰色系，来衬出植物对比强烈的色彩。行道树的着色要大面积留白，以露出树池和人行道铺装。路侧绿地植物配置非常具有韵律之美，同时在设计上运用造型对比和色彩对比。马克笔的着色将色彩对比的设计意图淋漓尽致地表现出来。

图2-1-7 道路绿地的平面色彩表现1

图纸点评 植物的立面表现与平面图一一对应，路灯、车辆、人物等配景的色彩要根据整体画面的需要进行。植物的颜色已经比较丰富了，配景就要少用颜色，甚至留白。

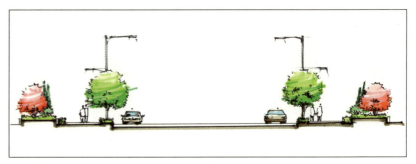

图2-1-8 道路绿地的剖面色彩表现1

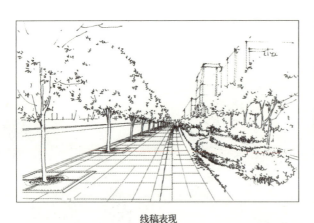
线稿表现

色彩表现

图2-1-9 道路绿地的透视表现1

图纸点评 植物的线稿近景细致，远景概括。背景建筑物的线条简洁。人行道铺装的网格线符合一点透视的网格线，使景深感特别强烈。植物的色彩为画面的主体，采用对比色来表达设计意图。地面、背景建筑物采用暖灰、冷灰色表现，天空用彩铅表现。

项目1　城市道路景观表现

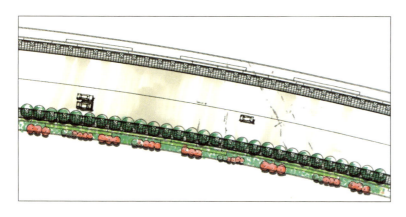

图纸点评　道路为一板两带式，因为路两侧的设计是对称的，平面图中一半是道路现状，一半是绿地设计平面图，形成对照。

图 2-1-10　道路绿地的平面色彩表现 2

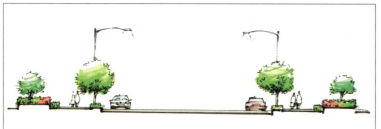

图纸点评　植物的色彩构成主体，车辆的色彩淡雅，用以陪衬主体植物，而配景人物用留白的方式以使整个画面色彩不杂乱。

图 2-1-11　道路绿地的剖面色彩表现 2

图纸点评　道路与建筑的直线条与植物的自然曲线形成刚柔对比，也体现了材料的质感。画面主体色彩以冷色调为主，配景人物用暖色调，来平衡整个画面的色彩关系。

线稿表现

图 2-1-12　道路绿地的剖面色彩表现 2

色彩表现

2. 某道路绿地的剖面和透视图（图2-1-13、图2-1-14）

图纸点评 道路为两板三带式。剖面图的配景车辆较多，用以体现出车行道的宽度。植物有针叶树、阔叶树、绿篱和开花灌木，构成形态对比和色彩对比。

线稿表现

色彩表现

图2-1-13 道路绿地的剖面表现

图纸点评 因为道路左侧有路侧绿化带，所以从道路左侧的人行道选取视点绘制透视线稿，以路侧绿化带的植物配置和行道树作为表现的重点。近景的植物偏黄绿色，远景的植物偏灰蓝色，符合色彩空气透视的规律。开红花的植物用以形成色彩对比，丰富画面的色彩。配景人物的亮黄色非常醒目突出，也是用以平衡画面的色彩关系。

线稿表现

色彩表现

图2-1-14 道路绿地的透视表现

项目2
城市广场景观表现

学习目标

【知识目标】
（1）掌握铺装、园路及硬质景观小品的表现方法。
（2）掌握建筑的表现方法。
（3）掌握天空、水体、草坪、配景人物的表现方法。
（4）掌握设计方案表现的基本流程。

【技能目标】
（1）能够把握空间及比例关系，并完成城市广场设计的线条表现。
（2）能够完成城市广场平面图、立面图、透视图的色彩表现。

任务 2.1 城市广场平面表现

工作任务

完成城市广场设计方案的墨线图，并用马克笔着色。

材料与用具： 铅笔、墨线笔、马克笔、橡皮、直尺、曲线板、圆板尺、比例尺、绘图纸等。

任务实施

（1）用线条法绘制城市广场平面线稿（图2-2-1）

①画出广场、绿地及园路框架轮廓线条

根据图纸尺寸按照一定比例，用铅笔及尺规等绘图工具画出广场铺装、园路及草坪绿地的框架。

②画出植物配置图例

根据植物配置画出各植物的平面图例。群植植物要注意聚散、疏密及画面中的交叠关系。

③画出铺装、山石、廊架及其他景观小品。

④用墨线笔画出整体墨线图。

（2）用马克笔进行图面色彩表现

①给植物图例着色（图2-2-2）

着色前应对图面整体色彩有所考虑，清楚色彩的明度及色相对比关系，一般由于草坪绿地面积较大且平整，色彩在明度色阶上比树木色彩相对高些。园林植物分为乔灌木、草本花卉、草坪等，色彩表现极为丰富，乔灌木以绿色居多，其中也不乏有其他色彩，如红紫色、红色、黄色、粉色等，花卉的色彩均较鲜艳丰富。使用不同的绿色，可区分表现出不同树种的色彩变化，如针叶树的绿色一般偏暗偏冷，阔叶树木的绿色相对偏亮偏暖一些。同时应表现出光感和明暗变化，如植物的受光面与背光面的色彩从明度及冷暖上要有所区别，一般亮面色彩偏暖、明度高，可以适当留白体现一定的生动性，暗面色彩偏冷、明度较低，强调投影可起到加强层次的效果。

②给草坪着色（图2-2-3）

草坪的色彩整体比树木图例色彩的明度高，偏暖，先用浅黄色给草坪的受光部分着色，要求行笔快，方向一致，适当有线条粗细的变化与留白，再用中绿色画草坪的中间色，适当与黄色叠加渐变衔接，加强色彩变化，草坪边缘处可加重着色。

③给道路、铺装、廊架、水体等着色（图2-2-4）

道路及铺装上色要突出其材质色彩与纹样特点，一般水泥路面用暖灰色，同向排列用笔，适当改变笔触粗细与间隔变化，适当留白，表现受光面及色彩变化；广场铺装为暖色，用浅黄色与暖灰色变化衔接铺色；木栈道用赭黄色，暗部用褐色；水面用浅蓝色，笔触排列时适当留白体现高光，暗部用群青表现投影效果；廊架的亮部可用土黄色，暗部用赭石或褐色着色。

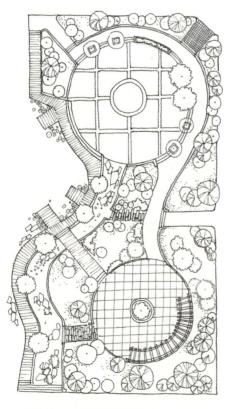

图 2-2-1　城市休闲广场平面图

图 2-2-2　城市休闲广场平面图着色（步骤一）

图 2-2-3　城市休闲广场平面图着色（步骤二）

图 2-2-4　城市休闲广场平面图着色（步骤三）

 巩固训练

完成小区休闲广场设计方案的彩色平面图表现。要求用线条法绘制小区休闲广场平面图并用马克笔进行色彩表现。

任务 2.2　城市广场剖面表现

 工作任务

完成城市广场设计方案剖面墨线图，并用马克笔着色。

材料与用具： 铅笔、墨线笔、马克笔、彩铅、橡皮、直尺、比例尺、绘图纸等。

 任务实施

（1）用线条画法表现城市广场剖面线稿（图 2-2-5）

①画出广场剖面的结构框架

根据尺寸比例，用铅笔及尺规等绘图工具画出广场中台阶、花坛、树池等造型的结构框架。

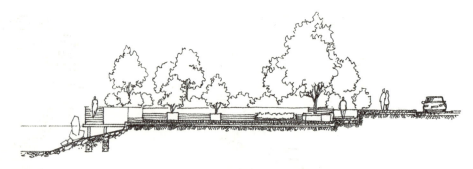

图 2-2-5 城市休闲广场局部剖面图线稿

②画出植物立面

根据植物配置设计画出所设计各植物的立面组合关系。植物群落要注意垂直方向上层次的错落关系和纵深方向上前后的遮挡关系；适当点缀人物、车辆，以表示图面比例尺度关系。

③画出铺装、山石、水面地面的剖面结构。

④用墨线笔画出整体墨线图。

（2）用马克笔进行色彩表现

①给植物着色（图 2-2-6）

植物在着色时要用不同的绿色系、紫红色系的色彩体现树木的明暗及前后层次变化。亮面适当留白以体现色彩变化的生动性。

②给水体、地面剖面结构等着色（图 2-2-7）

水体用浅蓝色，水平方向用笔，表现出从水面向下由深变浅的渐变效果；地面剖面结构用不同的灰色表现出层级区别。

③给天空及广场树池、台阶着色（图 2-2-8）

天空一般起到烘托图面效果的作用，色彩较浅且含蓄；用蓝色、紫色彩色铅笔着色更能表现出空灵虚远的效果；广场台阶和树池等可用不同的灰色表现出明暗变化关系。

图 2-2-6 城市休闲广场局部剖面图着色（步骤一）

图 2-2-7 城市休闲广场局部剖面图着色（步骤二）

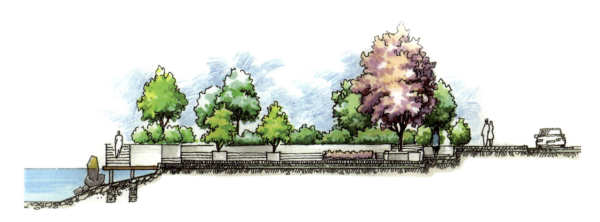

图 2-2-8　城市休闲广场局部剖面图着色（步骤三）

 巩固训练

完成小区休闲广场设计方案的局部剖面图表现。要求用线条法绘制休闲广场局部剖面图并用马克笔进行色彩表现。

任务 2.3　城市广场效果图表现

 工作任务

完成城市广场设计方案效果墨线图，并用马克笔着色。

材料与用具： 铅笔、墨线笔、马克笔、彩铅、橡皮、直尺、绘图纸等。

 任务实施

（1）用两点透视表现城市广场景观（图 2-2-9）

①确定视角、构图及透视关系。明确所要表现景观效果的视角及构图，确定视平线的位置，用铅笔轻轻地在图纸上用直线概括表现出景观场景的构图及空间透视关系。

②画出主体景观造型。从画面主体景物着手，用形线条表现出中景处的锥体玻璃景观及喷泉，其次是木质坐凳及花坛、树木、草坪、铺装及配景人物。

③画出远景的建筑造型，用笔要简练概括。

（2）用马克笔进行色彩表现

①给喷泉景观着色

用较浅的暖灰色给锥体景观造型框架亮面着色，用冷灰色给锥体框架的背光部分着色，玻璃用浅蓝色，用笔应迅速而干净，表现出玻璃的透亮质感，投影用深灰色；整块颜色的衔接处理应在颜色未干时进行，以便进行过渡衔接，而需要明确的色彩笔触分割处则需要

图 2-2-9　城市休闲广场景观效果线稿

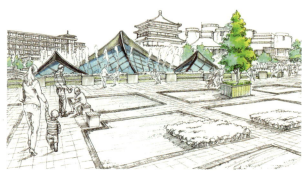

图 2-2-10　城市休闲广场景观表现着色（步骤一）

图 2-2-11　城市休闲广场景观表现着色（步骤二）

图 2-2-12　城市休闲广场景观表现着色（步骤三）

图 2-2-13　城市休闲广场景观表现着色（步骤四）

等色彩干透后进行，否则会与底层颜色融合形成"软"的感觉；喷泉可留白，浸染部分和细节高光部分可用白色涂改液处理（图 2-2-10）。

②给坐凳、花池、树木、草坪着色

用浅黄色给木质坐凳亮面着色，后用黄赭石色覆盖叠加，马克笔色彩的覆叠可以达到调和与降低色彩纯度的目的；红色石质花池可先着灰色，再叠加红褐色，用笔应迅捷，表面石面光亮的质感。用黄色与不同明度及冷暖的绿色给树木、草坪着色，区分表现亮面与暗面的色彩冷暖及明度对比（图2-2-11）。

③给广场铺装着色

用浅黄色与灰色叠加形成色彩变化，应用笔快速且顺着铺装透视线方向，适当留白增加变化（图2-2-12）。

④给建筑、天空、配景人物着色

远景建筑用色要偏灰且淡，降低亮面与暗面的明暗对比，用色要简单、概括，从而突出主景；天空可用蓝色、紫色等彩铅着色，空出云朵的形态，增加天空的丰富变化；前后人物着色应甄别对待，前面的人物应稍深入表现，远处人物可简单赋予单色（图2-2-13）。

 巩固训练

完成城市广场景观效果表现。要求用线条法绘制城市广场景观效果线稿并用马克笔进行色彩表现。

 作品赏析

城市休闲广场局部效果图（图2-2-14、图2-2-15）

图纸点评 位于自然体边缘的广场与自然环境密切结合，最能体现可持续发展的生态原则。

图2-2-14 某城市休闲广场局部效果图1

图纸点评 某一主题广场作为整个商业区的开端，然后以步行街作为纽带，连接其他广场。

图2-2-15 某城市休闲广场局部效果图2

项目 3 居住区景观表现

学习目标

【知识目标】
(1) 掌握居住区环境、植物景观配置、硬质景观与水体平面图的表现方法。
(2) 掌握居住区地形、水体、植物、建筑小品剖、立面图的表现方法。
(3) 掌握居住区一点透视、两点透视图的表现方法。

【技能目标】
(1) 能熟练完成居住区景观方案的线条表现。
(2) 能够完成居住区景观平面图、剖面图、透视图的色彩表现。

任务 3.1 居住区景观平面表现

工作任务

用线条法完成居住区景观平面墨线图,并用马克笔着色。

材料与用具: 铅笔、针管笔、马克笔、彩铅、橡皮、直尺、圆板尺、比例尺、绘图纸等。

任务实施

(1) 用线条法绘制居住区景观平面(图 2-3-1)

①画出居住区景观环境平面图

按照一定比例,将居住区绿地的边界、居住区的建筑、主要道路绘制出来。

②画出居住区硬质景观与水体的平面图

硬质景观包括园路、广场、建筑及园林小品。首先绘制道路广场的轮廓线,然后绘制出建筑、园林小品以及水体的平面图,最后将道路广场进行细部表现。

③画出植物景观配置平面图

对于小比例的设计平面图,植物图例只需要按比例绘制出简单的轮廓即可,无需细部的表现,可通过色彩的表现区分出不同的植物图例。

（2）用马克笔和彩铅进行色彩表现
（图2-3-2）

①给硬质景观及水体着色

道路广场根据铺装材质的色彩进行着色，局部也可留白处理。建筑根据建筑材料的色彩进行着色，水体一般用不同深浅的蓝色表现，而居住区的住宅建筑可留白处理，以突出景观的表现效果。

②给草坪着色

先用柠檬黄画出草坪的亮部，可以适度留白。再用中绿色画草坪的中间色，靠近草坪边缘处可加重着色。

③给植物图例着色

根据居住区景观植物配置的具体情况给植物图例着色，但总体说来，绿色的植物要占绝大多数，而彩叶树种和开花树种要占少数，要以绿色为基调来统一整个图纸的色彩，否则色彩过多而又等量分配会

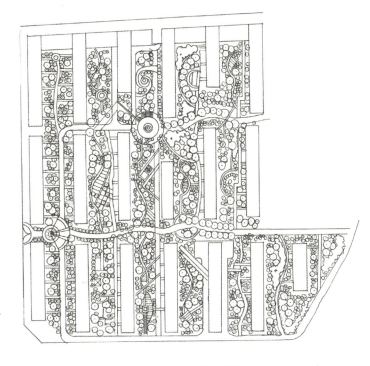

图2-3-1　居住区平面图线稿

图2-3-2　居住区绿地的色彩表现

造成整个图纸色彩杂乱无章，没有主次之分。而绿色植物的绿色也是有区别的，可根据植物材料本身的明暗程度用黄绿、翠绿、橄榄绿、蓝绿、墨绿等不同绿色来进行表现。

巩固训练

完成一居住区景观设计方案的表现图，要求用线条法绘制居住区平面图并用马克笔和彩铅进行色彩表现。

任务3.2 居住区景观剖面表现

工作任务

用线条法完成居住区景观剖面墨线图，并用马克笔着色。

材料与用具： 铅笔、针管笔、马克笔、彩铅、橡皮、直尺、圆板尺、比例尺、绘图纸等。

任务实施

（1）用线条法表现居住区景观剖面

根据居住区平面图，选择剖切的位置，按照制图的投影法则，绘制出居住区剖面图的线稿。先画出地形、水体的剖切线，再画出建筑及园林小品的立（剖）面，接着画出植物配置的立面投影（注意植物不要遮挡建筑的立面），最后添加人物等配景（图2-3-3）。

（2）用马克笔和彩铅进行色彩表现

地形的剖切线用暗色表现，如深灰色；水体用蓝色表现；建筑根据建筑材料的色彩进

图2-3-3 居住区景观剖面图线稿表现

图2-3-4 居住区景观剖面图色彩表现

行表现，如木质材料用中黄色或土黄色表现；植物则根据观赏特性进行表现，但要注意绿色的植物也要有色彩差异，如前面的植物用黄绿、翠绿色，后面的植物用蓝绿色，前面的植物色彩亮而纯，后面的植物暗而灰，这样才能区分出景观层次；最后给配景人物上色。如景观色彩已经比较丰富，配景人物就可以留白处理，留白是为了突出主体景观的色彩（图 2-3-4）。

巩固训练

完成一居住区景观设计方案的表现图，要求用线条法绘制居住区剖面图并用马克笔和彩铅进行色彩表现。

任务 3.3 居住区景观效果图表现

工作任务

用线条法完成居住区景观节点透视墨线图，并用马克笔着色。

材料与用具： 铅笔、针管笔、马克笔、彩铅、橡皮、直尺、圆板尺、比例尺、绘图纸等。

任务实施

（1）用两点透视表现居住区景观

按照两点透视的画法画出居住区节点透视图线稿。在求出基透视的基础上立高度。先画出主体水景，再画出道路铺装的透视线，用简洁的线条画出远处建筑背景，使环境更加真实。画植物线稿时，要注意与主体景观之间的前后关系，不要遮挡主体水景。最后添加人物配景，要注意人物配景与主体景观的尺度关系，通过人物的尺度也能反映出主体景观的尺度（图 2-3-5）。

（2）用马克笔和彩铅进行色彩表现

铺装的颜色一般以灰色系为主，可用暖灰色或冷灰色，背景建筑也可用灰色系，玻璃反光的部位要反射出天空的颜色。水体用不同深浅的蓝色表现，高光处留白处理。前景的植物用黄绿色表现，中景的植物用蓝绿色表现，而远景的植物用蓝灰色表现，用植物的色彩体现出空间的景深。天空用蓝色的彩铅表现（图 2-3-6）。

图 2-3-5　居住区局部节点景观的透视图线稿表现

图 2-3-6 居住区局部节点景观的透视图色彩表现

 巩固训练

完成居住区透视表现图,要求用一点透视或两点透视绘制透视图,并用马克笔和彩铅进行色彩表现。

 作品赏析

1. 居住区景观剖面的表现(图 2-3-7 ~ 图 2-3-9)

线稿表现

色彩表现

图纸点评 剖面图中水景、植物与配景人物之间保持合适的比例关系。植物高低错落,不同树形构成形态的对比。近景植物色彩纯,对比强烈,远景植物的色彩淡雅,表现出空间的前后层次、近实远虚的关系。

图 2-3-7 居住区景观剖面的表现 1

项目3 居住区景观表现

图纸点评 植物是本剖面图景观表现的重点，线稿主要表现出植物形态的差异，而色彩的表现体现出植物色彩的差异。

线稿表现

色彩表现

图 2-3-8 居住区景观剖面的表现 2

图纸点评 前景植物的线稿细节较多，体现出明暗关系，而背景植物的线稿简洁，只需画出外轮廓，主要通过色彩表现来区分植物的主次。

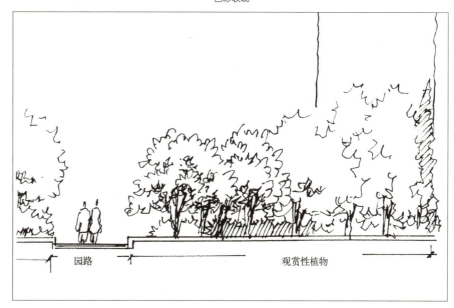

线稿表现

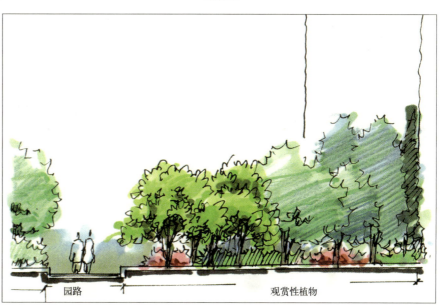

色彩表现

图 2-3-9 居住区景观剖面的表现 3

2. 居住区景观效果图（图2-3-10～图2-3-12）

线稿表现

色彩表现

图2-3-10 居住区景观节点表现1

图纸点评　道路的曲线与建筑的直线构成直与曲的对比，使得画面非常生动。植物的绿色构成画面的主体色调，开花的植物与配景人物用暖色调，地面铺装、景墙用暖灰色调，用以平衡植物的冷色调。

项目3 居住区景观表现

线稿表现

色彩表现

图 2-3-11 居住区景观节点表现 2

图纸点评 水体为画面表现的重点,在构图中处于居中的位置,水体的留白和提亮处理为点睛之笔。植物采用冷暖对比色,铺装、山石、建筑用暖灰色调来减弱画面的对比色,使得整个画面色彩既有对比又有调和。

线稿表现

色彩表现

图2-3-12 居住区景观节点表现3

图纸点评 亭子为画面的主体，构图中将其置于中景的位置。亭子的木、瓦材质表现，水体的质感表现（特别是倒影表现）是本画面的表现重点。铺装用暖灰色调，植物采用冷暖对比色调处理。在画面用色不是很多的情况下，配景人物的色彩是用来丰富画面色彩的。

3. 优秀居住区景观作品（图2-3-13、图2-3-14）

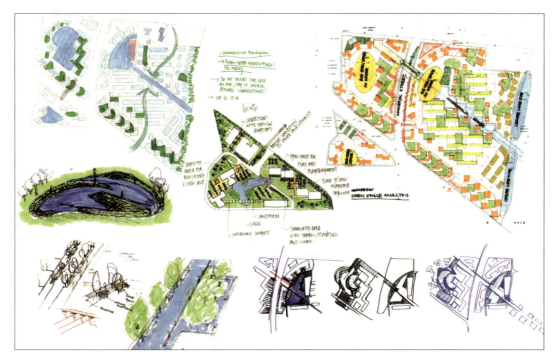

图2-3-13　居住区景观表现

图纸点评　剖切的地形、水体轮廓线用粗实线表示。景观是要表现的主体，背景住宅建筑用留白处理来突出要表现的景观。植物景观用色较纯而响亮，平面图、剖面图中均有标高标注，使图纸表达的内容更为完整。

图2-3-14　居住区景观透视图的色彩表现

图纸点评　整个画面的色彩均用马克笔来表现，构成色彩对比鲜明的色块。局部留白的处理减弱了色彩之间的对比，使画面更加协调生动。

项目4
庭院景观表现

学习目标

【知识目标】
（1）掌握庭院景观平面图的绘制方法。
（2）掌握庭院景观剖面图的绘制方法。
（3）掌握庭院景观透视图的构图方法。

【技能目标】
（1）能够熟练完成庭院景观方案线条表现。
（2）能够完成庭院景观平面图、剖面图、透视图的色彩表现。

任务 4.1 庭院平面表现

 工作任务

用线条法完成庭院景观的平面墨线图，并用马克笔着色。

材料与用具： 铅笔、针管笔、马克笔、彩铅、橡皮、直尺、圆板尺、比例尺、绘图纸等。

 任务实施

（1）用线条画法表现庭院平面（图2-4-1）

①画出庭院的轮廓线条

按照景观要素的平面图例表现要求，根据比例关系，分别画出庭院的建筑轮廓、庭院的边缘、道路、铺装、水体等结构范围。

②画出庭院中重要的节点景观

根据实际设计方案，首先着手画出重要的节点景观平面，再深入刻画水体、铺装、小品等细部内容。

③画出庭院的植物配置

根据植物景观要素平面图例的表达方式，画出庭院中所有的植物配置。

（2）用马克笔和彩铅进行色彩表现（图2-4-2）

根据景观的表现主次，确定整体的色调，色彩的选择应统一中有变化。

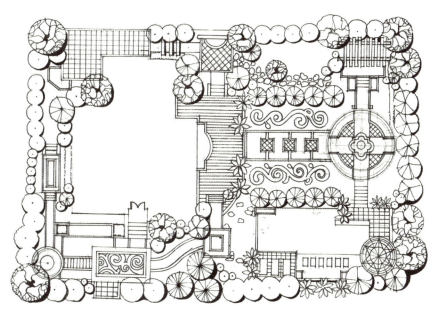

图 2-4-1　庭院平面图线稿表现

图 2-4-2　庭院平面图的色彩表现

①植物着色

一般灌木着色最深，乔木次之，草坪最浅。以黄绿色为主，使三大类型的植被系统在画面上层次清晰，节点景观处的植物着色可以变化，使用红橙色系加以强调。

②水体着色

用蓝色系马克笔平涂。动水，如涌泉、跌水、喷泉等用白色提高光。最后用深蓝色沿水岸等处画出倒影。

③道路着色

一般道路使用暖色系或中性色系，应与植物的色彩加以区分，同时注意铺装材料的色彩、光影及质感的表现。

④建筑及其他园林小品

建筑可留白处理，但要注意色彩、光影及质感的表现。

⑤整体色彩调整

根据各景观要素的实际标高调整阴影，可用彩铅刻画重要细节和过渡连接。

巩固训练

完成一套庭院景观设计方案的平面表现图，要求用线条法绘制别墅景观平面图并用马克笔进行色彩表现。

任务 4.2 庭院剖面表现

工作任务

用线条法完成庭院剖面墨线图，并用马克笔着色。

材料与用具： 铅笔、针管笔、马克笔、彩铅、橡皮、直尺、圆板尺、比例尺、绘图纸等。

任务实施

（1）用线条画法表现庭院剖面（图2-4-3）

根据庭院的平面图，选择剖切的位置，按照制图的投影法则，绘制出庭院剖面图的线稿。线稿应简练且概况性强，为着色留余地，各景观要素的比例关系应准确。

①根据各局部的尺寸和比例，先画出整体的剖切线，然后勾勒出地形、水体、建筑和园林小品的立面轮廓。

②绘制前景及中景植物立面，根据植物不同类型，采用灵活的线条勾勒出植物的轮廓。

③绘制背景植物及配景，线条应简洁。

④调整整体画面关系，对重要的节点景观要素进行细部刻画，注意黑白灰的对比关系及线的虚实对比关系。

图2-4-3　庭院剖面图线稿表现

（2）用马克笔和彩铅进行色彩表现（图2-4-4）

通过色彩的对比，总体表现出前后景观要素的空间关系。剖切线用暗色表现，如黑色、褐色；重要的节点景观应色彩突出，刻画细致，色调明朗。

①植物着色

根据植物种类的观赏特性及在景观中的位置进行表现，如绿色的乔灌木用柠檬黄、中黄画亮部，中绿色画中间色，深绿色画暗部；近处的植物可用暖色，并刻画出明暗关系，远处的植物可用冷色，平铺着色，虚化处理，拉深植物的前后空间。

②建筑及景观小品着色

墙体等硬质景观的色彩要淡于植物，近处可表现材料的质感。

③水体、配景着色

水体整体用蓝色系表示，注意投影关系的表达及与色调的关系。配景的色彩要根据整个画面的需要来处理，这样能起到平衡画面色彩的作用。

④整体调整，修正细节

注意远近层次及色彩的整体关系，可用彩铅进行细部的修正和色调的调整。

图2-4-4　庭院剖面图色彩表现

 巩固训练

完成一套庭院景观设计方案的剖面表现图，要求用线条法绘制剖面图并用马克笔和彩铅进行色彩表现。

任务4.3　庭院效果表现

工作任务

用线条法完成景观节点的透视墨线图，并用马克笔及彩铅着色。

材料与用具： 铅笔、针管笔、马克笔、彩铅、橡皮、直尺、圆板尺、比例尺、绘图纸等。

模块2　综合实战篇

 任务实施

（1）用两点透视表现庭院景观（图2-4-5、图2-4-6）

按照两点透视的法则画出庭院景观节点的透视图线稿。根据设计意图，选取1～2个重要的景观节点进行表现。

①把握作画的特点，理清思路，做出初步的概念草图。

②根据概念草图及平面图布局，勾出主体景物的大体位置及透视关系。再用铅笔画出主要景物的轮廓，注意各景物之间的比例及构图关系（图2-4-5A、图2-4-6A）。

图2-4-5　庭院景观效果图线稿表现1

③根据画面构图勾画背景，用绘图笔画出个景观要素的轮廓。刻画重点景观的层次及明暗。注意线条的粗细及疏密变化、前后层次的过渡及近实远虚的透视规律（图2-4-5B、图2-4-6B）。

（2）用马克笔和彩铅进行色彩表现（图2-4-7、图2-4-8）

①整体色彩要做到心中有数，着色按从局部到整体的顺序进行。着色应以浅色开始，先浅后深，用笔肯定、自信，排笔完整清晰。注意色彩叠加带来的丰富的色彩变化，主色调的控制，明暗色调的统一。

②根据各景观要素的色彩表现技巧进行刻画。重要的节点景观——水体、植物等表现主体，色彩可以纯度高些。总体说来，前景色彩纯一些，对比度强烈一些，

图 2-4-6 庭院景观效果图线稿表现 2

图 2-4-7 庭院景观效果图色彩表现 1

图 2-4-8 庭院景观效果图色彩表现 2

而远处的景观色彩纯度低一些，对比度弱一些，这样才符合景深的色彩规律。用蓝色系及高光画出水体动态效果及光影变化。铺装的颜色一般以灰色系为主，可用暖灰色或冷灰色，背景的建筑也可用灰色系。一些配景可以选择不着色，做留白处理，以免喧宾夺主。

③调整画面，注意投影变化、整体色调的协调及环境色之间的影响。

巩固训练

完成一套庭院景观设计方案的效果表现图，要求用线条法绘制效果图，并用马克笔和彩铅进行色彩表现。

作品赏析

某别墅庭院景观的平面图、剖面图和透视图（图2-4-9～图2-4-11）

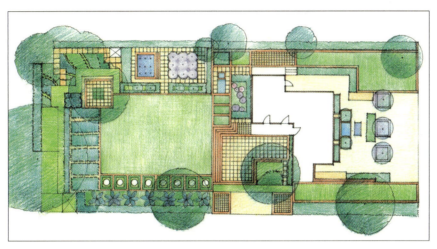

图2-4-9　庭院景观平面图

图纸点评　主要用彩色铅笔来表现，为了突出景观部分，建筑部分采用留白处理，整体色彩以较淡的黄绿色为主，植物、道路、铺装等色彩层次清晰，植物绘制简单，景观小品的色彩、光影及质感处理细腻，主次分明，画面整洁，色调统一。

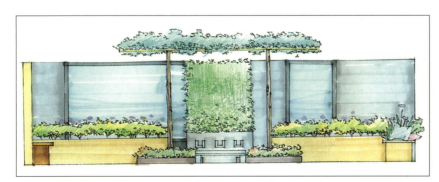

图2-4-10　庭院景观立面图

图纸点评　各景观要素层次清晰，比例协调准确，整体色调柔和统一，植物刻画细腻，前、中景采用暖色，并用亮色突出重要节点景观，背景的墙体和水景用冷色，与前、中景对比，拉深景观的空间层次。明暗刻画细致，并用彩铅进行了整体色调的过渡和衔接。

图2-4-11 某别墅庭院景观效果图

图纸点评 本图为两点透视,着重突出景墙空间及植物配置的效果。主体景观要素——植物刻画得细致生动,色彩变化丰富。主次效果对比强烈,近暖远冷,近实远虚,明暗对比强烈,拉深空间,层次丰富。

项目5
滨水景观表现

学习目标

【知识目标】
(1)掌握滨水景观要素的平面图表达。
(2)掌握滨水景观要素的剖面图表达。
(3)掌握滨水景观要素的透视图表达。

【技能目标】
(1)能熟练完成滨水景观方案的线条表现。
(2)能够完成滨水景观平面图、剖面图、透视图的色彩表现。

任务5.1 滨水绿地景观平面表现

 工作任务

用线条法完成滨水绿地景观平面墨线图,并用马克笔着色。
材料与用具: 铅笔、针管笔、马克笔、彩铅、橡皮、直尺、圆板尺、比例尺、绘图纸等。

 任务实施

(1)用线条法绘制滨水绿地景观平面(图2-5-1)
①画出滨水绿地景观环境平面图
按照一定比例,将滨水绿地的环境(桥、水体、绿地边界)绘制出来。
②画出滨水绿地硬质景观的平面图
绘制出园路、广场、建筑及园林小品的平面图。
③画出植物景观配置平面图
对于小比例的平面图,植物配置多以树丛、树群、树林的形式,均用轮廓的手法概括表现。

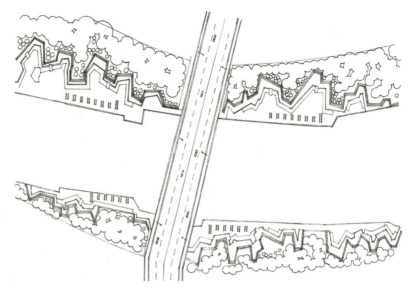

图 2-5-1 滨水绿地景观平面图线稿

（2）用马克笔和彩铅进行色彩表现（图 2-5-2）

①给环境平面着色

桥体用暖灰着色，注意马克笔的笔触方向，运用跳线的手法，高光处要留白。水体用不同深浅的蓝色表现，一般说来，水岸受光少而色彩深邃，水体中心部位受光多而亮，用浅蓝色表现并局部留白处理。

②给硬质景观着色

硬质景观以道路广场为主，因为是小比例的平面图，道路广场用单一暖色平涂局部留白即可，没有过多的变化，这样使得整个画面非常统一。

图 2-5-2 滨水绿地景观的色彩表现

③给植物图例着色

草坪用平涂的手法绘制。小比例的图纸主要是表现树群、树林，应从整体出发，绘制出整个树群、树林的明暗。用色以绿色为主，不要用过多的色彩，最后用黑色马克笔绘制出植物的投影。

巩固训练

完成一滨水绿地景观设计方案的表现图，要求用线条法绘制滨水景观平面图并用马克笔和彩铅进行色彩表现。

任务 5.2 滨水景观剖面表现

工作任务

用线条法完成滨水绿地景观剖面墨线图，并用马克笔着色。

材料与用具： 铅笔、针管笔、马克笔、彩铅、橡皮、直尺、圆板尺、比例尺、绘图纸等。

任务实施

（1）用线条法画滨水绿地景观剖面

根据滨水绿地平面图，选择剖切的位置，按照制图的投影法则，绘制出滨水景观剖面图的线稿。先画出地形、水体的剖切线，再画出植物配置的立面投影，最后添加人物等配景（图2-5-3）。

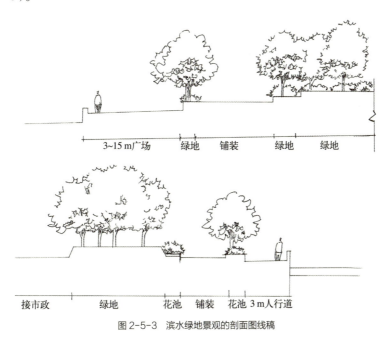

图2-5-3　滨水绿地景观的剖面图线稿

（2）用马克笔和彩铅进行色彩表现

地形的剖切线用暖灰色表现；水体用浅蓝色马克笔表现；植物根据其观赏特性进行表现，绿色的植物可用浅绿加翠绿或浅黄加中绿表现，彩叶植物可用浅粉加红色表现，人物可留白处理（图2-5-4）。

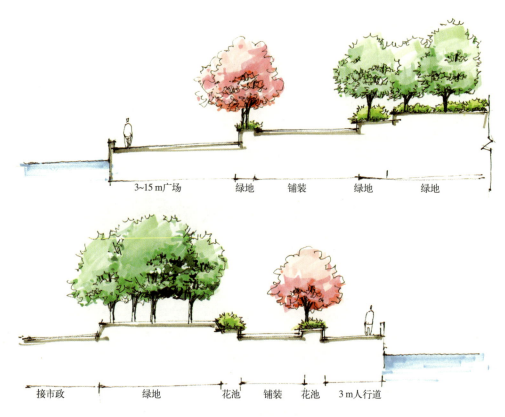

图2-5-4 滨水绿地景观的剖面图色彩表现

 巩固训练

完成一滨水绿地景观设计方案的表现图，要求用线条法绘制滨水绿地剖面图并用马克笔和彩铅进行色彩表现。

 滨水景观效果图表现

 工作任务

用线条法完成滨水绿地景观节点透视墨线图，并用马克笔着色。

材料与用具： 铅笔、针管笔、马克笔、彩铅、橡皮、直尺、圆板尺、比例尺、绘图纸等。

任务实施

（1）用两点透视表现滨水景观

按照两点透视的画法画出滨水绿地节点透视图线稿。首先求出基透视，然后根据各景观标高立高度。道路铺装的透视线可保留，用以表现空间的景深。铺装是人工造景，均用直线条来表现。山石根据其自身特点来表现，黄石棱角分明，刚劲硬朗，主要用直线来表现。植物则用自然的波浪线、锯齿线表现，与山石形成刚柔对比。最后添加人物配景，注意人物也要遵循近大远小的透视规律，并注意与主体景观的尺度关系（图2-5-5）。

（2）用马克笔和彩铅进行色彩表现

铺装用暖灰色表现，注意适度留白，阴影处要加重处理；山石用浅黄、黄灰色表现；草坪用黄绿、浅绿色马克笔表现，用彩铅过渡；植物根据其观赏特性进行表现；天空用马克笔结合彩铅表现，配景人物的色彩根据画面的需要进行处理，冷色较多的画面中人物的衣着一般用暖色平衡（图2-5-6）。

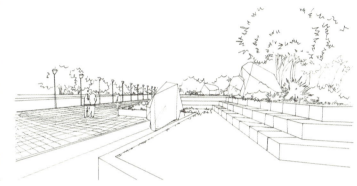

图2-5-5 滨水绿地局部节点景观的透视图线稿

图2-5-6 滨水绿地局部节点景观的透视图色彩表现

 巩固训练

完成一滨水绿地景观设计方案的表现图，要求用线条法绘制滨水绿地透视图并用马克笔和彩铅进行色彩表现。

作品赏析

1. 滨水景观剖面图（图2-5-7）

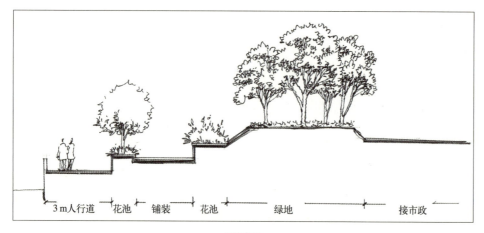

线稿表现

图纸点评 地形与植物是图中要表现的重点内容，地形剖切部分用黑色马克笔加粗。植物强调形态对比与色彩对比。天空作为配景用不同深浅的蓝色彩铅排线表现。

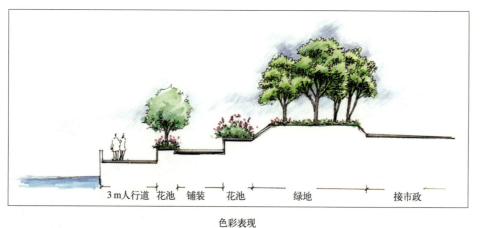

色彩表现

图2-5-7 滨水绿地景观剖面图

2. 滨水景观局部效果图（图2-5-8、图2-5-9）

图纸点评 整个画面均用马克笔表现，灰色调应用较少，多数色彩纯度较高，对比强烈，具有鲜明响亮的特点。点景人物的色彩应用较多，丰富了整个画面的色彩。但建议初学者还是尽量控制用色的数量，否则可能使画面的色彩花而杂乱。

图2-5-8 滨水景观局部效果图色彩表现1

项目5 滨水景观表现

线稿表现

色彩表现

图 2-5-9 滨水景观局部效果图色彩表现 2

图纸点评 地面铺装和山石为硬质景观，用直线表现出其硬朗的特点，水体与植物为软质景观，与硬质景观形成刚柔对比。铺装用暖灰色马克笔表现，水体的倒影用冷灰色马克笔表现，植物用马克笔结合彩铅表现，天空完全运用彩铅来表现。

3. 滨水景观鸟瞰图（图 2-5-10）

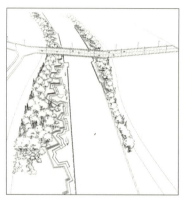

线稿表现

图纸点评 鸟瞰图的绘制难度较大，是整个设计内容的表现，因视点高，植物的绘制与透视图有所不同，又因视点离景物较远，所绘制的景观应该是概况性的，不能有过多的细节，特别是远景，植物以简洁的几何造型概括即可。近景的植物偏暖，用黄绿色马克笔表现；远景的植物偏冷，用蓝灰色马克笔表现。画面整体以冷色调为主，人物用暖色起到点景的作用。

色彩表现

图 2-5-10 滨水绿地景观鸟瞰图色彩表现

4. 滨水景观节点透视图(图 2-5-11)

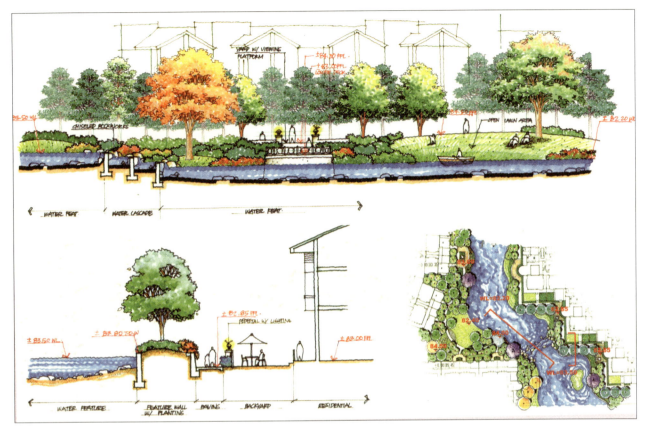

图 2-5-11 滨水景观节点透视色彩表现

图纸点评 画面的色彩纯而对比鲜明,如没有灰色调的调和就要注意留白的处理,可以缓冲色彩间的强烈对比。植物的造型经过概况整理更加几何化,使画面具有装饰性的画风。

参考文献

代光纲, 李成. 2014. 印象手绘——景观设计手绘教程[M]. 3版. 北京：人民邮电出版社.
邓蒲兵. 2012. 景观设计手绘表现[M]. 上海：华东大学出版社.
胡长龙. 2010. 园林景观手绘表现技法[M]. 北京：机械工业出版社.
胡中华. 2012. 建筑·景观·室内设计手绘表现技法[M]. 北京：北京大学出版社.
麓山手绘. 2014. 园林景观设计手绘表现技法[M]. 北京：机械工业出版社.
任全伟. 2009. 园林景观手绘表现技法[M]. 北京：科学出版社.
施并塑. 2014. 园林景观植物马克笔手绘步骤详解[M]. 武汉：湖北美术出版社.
唐建. 2009. 景观手绘速训[M]. 北京：中国水利水电出版社.
夏克梁. 2014. 夏克梁手绘景观元素：植物篇（上册）[M]. 南京：东南大学出版社.
夏克梁. 2014. 夏克梁手绘景观元素：植物篇（下册）[M]. 南京：东南大学出版社.
叶理. 2004. 实用园林造景表现技法——马克笔、彩铅、水彩铅笔[M]. 北京：中国林业出版社.
钟训正. 2008. 建筑画环境表现与技法[M]. 北京：中国建筑工业出版社.